普华
PUHUA BOOKS

我
们
一
起
解
决
问
题

THE LUCK HABIT

WHAT THE lUCKIEST PEOPLE THINK, KNOW AND
DO ... AND HOW IT CAN CHANGE YOUR LIFE

极简自律法
越自律越幸运

[英] 道格拉斯·米勒（Douglas Miller）◎著

刘子扬◎译

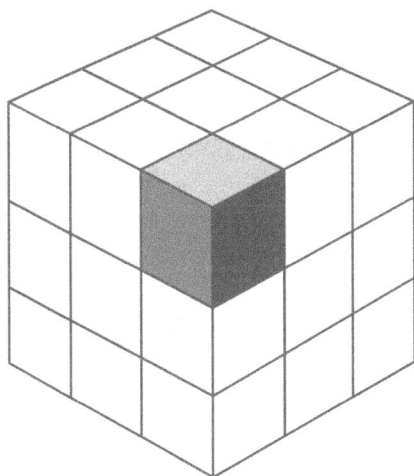

人 民 邮 电 出 版 社

北　京

图书在版编目（CIP）数据

极简自律法：越自律越幸运 /（英）道格拉斯·米勒（Douglas Miller）著；刘子扬译. -- 北京：人民邮电出版社，2019.4（2022.2重印）
ISBN 978-7-115-50945-1

Ⅰ. ①极… Ⅱ. ①道… ②刘… Ⅲ. ①成功心理—通俗读物 Ⅳ. ①B848.4-49

中国版本图书馆CIP数据核字(2019)第043495号

内 容 提 要

你是否觉得成功人士天生就有某种能力？你是否认为机遇和好运从不会降临在自己身上？你是否害怕失败并因失败而一蹶不振？你是否整天浑浑噩噩，像无头苍蝇一样到处乱撞？你是否不愿与他人打交道，尤其是在工作中？

在《极简自律法：越自律越幸运》一书中，作者根据自己多年从事积极心理学研究和培训的经历，通过对英国商界、体育界、娱乐界等六位优秀人士的采访，采用简单易读的写作风格，总结出了成功人士在学习态度、自我定位、人生目标、人际交往、把握机遇等方面所拥有的思维和行为方式，帮助读者养成积极思考和行动的好习惯，做到极简自律，从而拥有更健康的生活目标和更融洽的人际关系。

本书适合那些希望通过自律改变自己的事业和生活的读者阅读，尤其适合那些对积极心理学感兴趣的读者阅读。

◆ 著　［英］道格拉斯·米勒（Douglas Miller）
　　译　刘子扬
　责任编辑　姜　珊
　责任印制　彭志环

◆人民邮电出版社出版发行　　北京市丰台区成寿寺路11号
邮编 100164　电子邮件 315@ptpress.com.cn
网址 http://www.ptpress.com.cn
北京虎彩文化传播有限公司印刷

◆开本：880×1230　1/32
印张：7.25　　　　　　　　　2019年4月第1版
字数：200千字　　　　　　　2022年2月北京第11次印刷
著作权合同登记号　图字：01-2013-2645 号

定　价：49.00元
读者服务热线：（010）81055656　印装质量热线：（010）81055316
反盗版热线：（010）81055315
广告经营许可证：京东市监广登字 20170147 号

我心中的幸运，就是具备能敏锐地发现机遇并善于利用机遇的能力。每个人或多或少都会遇到倒霉的事，但与此同时，也会拥有大把的机会。

——电影制片人，塞缪·戈温（Samuel Goldwyn）

的确，幸运无处不在。虽然我们经常把幸运挂在嘴边，但是似乎从未认真思考过它的真实含义。我们往往会用那些老话"天时地利""阴差阳错"，或是那些典型的宿命论者所说的"干得好不如跟对人"等来形容幸运，于是前人关于幸运的说法便逐渐深植于我们心中。的确，我们终究无法左右生命中的某些方面，因此本书会将听上去言之凿凿的老话的部分内容视为真理加以接受。然而，如果你坚信宿命论者所说的"跟对人"更重要的话，那么懂得通过自律赢得好运的人就会帮助自己去"跟对人"，而不是想当然地认为"命由天定"。因此，我们要承认"干得好"和"跟对人"一样重要。

我们常常把"运气"与"命运"混淆。命运就像人们生命中的那只引路之手一样，它不仅掌控着我们的思想状态、行为举止，甚至主宰着我们生命中发生的一切。但是，本书的核心思想在于更加关注人们能创造出来的好运，而并非那些无论我们是否做出努力，是否身处特殊的时间或场合，都仿佛命中注定躲不过的那些"大事"。

宿命论者所说的好运均由上天注定，就好像某些人天生"口衔金汤匙"，而某些人却永远"不被阳光普照"。换个比喻，当一个精子与一个卵子不期而遇时（其实，人的诞生恰恰就是对"幸运"一词原始含义的最好解释），人的命运就已经被设定。但是，如果我们盲目地全盘接受这种荒谬的思维定式，并任其影响一生，那么这必将是对人生致命的伤害。

从某种角度来说，宿命论者所说的并没有错。如果你笃定命运主宰未来——无论你是相信命中注定自己有（或没有）某种天赋，还是坚信生命本身就是由一连串无法左右的"宿命"所组成——无论你怎样想都无可厚非，但这样看来，由于是你自己选择了"得过且过、听之任之"的态度，那么那些所谓的"宿命"就必然会永远束缚着你。

自我对话

我曾听过一句寓意深刻的古老谚语，现在想起来仍感慨良多。这句话大概是这样说的："棍棒和石头只能打断我的骨头，但流言蜚语却能让我万劫不复。"

　　我记得是从某一首 MTV 上听到的这句话，并想象着这位填词人所说的正是外界对他的风言风语。当然，他说的没错。但与无法控制的传言相比，我们对自己说的话更具影响力。那些我们花大量时间、无时无刻不在脑海中上演的自我对话，让我们得以了解为何某些事会发生（或不发生）在自己身上，是谁在幕后掌控事件的走向，以及为何在不同情形下，我们会以某些特定的方式做出反应（或根本毫无反应）。这样看来，自我对话就有着非同寻常的意义。

　　下面介绍的正是本书的核心所在。本书绝大部分内容都围绕着如何聆听自己的心声展开。倘若你是一个坚定的宿命论拥护者，或者你与自己的对话常常反映出缺乏自信，那么本书则会换个角度，试着帮助你改变这种自我对话的语气和方式。虽然第 6 章的相关案例将集中展示倾听心声是如何帮助我们有效掌握社交技巧的，但是与自己进行积极对话的理念并不仅限于这一章，相反，它将贯穿全书的始末。

成功人士的思维和行动方式

　　本书通过第 1 章的调查问卷中的一系列问题，总结得出了成功人士的思维和行动方式。调查问卷中的问题可以帮助你思考自己之前的人生以及走过的道路。特别值得一提的是，这些问题将帮助你提炼出具体的个人经历，用来检测本书中提到的那些实用的、理论性的方法是否切实有效。

本书的其余部分将围绕这些思维和行动方式展开。如果你愿意遵循这些能为自己带来好运的思维和行动方式，那么它们将助你一臂之力。本书将通过以下六章向你详细介绍。

- 　**第 2 章"通往自律的大门——全身心投入你热爱的事"。**这一章探讨如何"感知"那些适合（或不适合）自己的事情。众所周知，做一件让自己提不起兴趣的事是毫无意义的。

- 　**第 3 章"学习的态度决定自律的程度"。**学习始于谦逊。我们不得不承认"自己永远不可能做到无所不知"。与此同时，这种谦逊也赋予了我们极大的学习动力，让我们产生"尽管不能做到无所不知，但我仍渴望不断学习"这种想法。我认为，正是这种对学习的渴望让你拿起了这本书，希望开启改变自己人生的新征程。换句话说，如果没有对知识的渴求，你是不会变成你心中所期盼的模样的。

- 　**第 4 章"自律让你变身行动派"。**这一章研究如何挑战自身的能力，让你无论是在工作和生活中，还是在休息娱乐时，都能完成看似不可能完成的任务。

- 　**第 5 章"自律是目标与成功之间的桥梁"。**可能是长远的人生规划，也可能是当下的短期目标，大多数人都需要在生活中有一个愿望、有些打算。

- 　**第 6 章"自律帮助你创造优质的人际关系"。**这一章涉及一些特定的方面，例如，构建人际关系、树立良好的声誉以及如何与那些难以相处的人打交道。总之，这一章会教你如何积极看待人际交往中的方方面面。

- **第 7 章"自律让机遇无处不在"**。我们身边总有那么一类人，他们好像一生都很幸运，总是拥有最好的机遇。但其实这并非好运，他们之所以能够成为人们眼中的"幸运儿"是因为，无论是对生活所持的态度还是在实际行动中，他们都在为自己努力创造机遇。

六个"幸运儿"

对于他人遇到的困难，我们会持有不同的看法，那么对于他人拥有的机遇，这些个人理解依然存在。

为了让大家能够更快、更好地养成本书所提到的思维和行动方式，我特意采访了六位成功人士，他们在各自的生活中都颇有建树。他们也许并不怎么有名，但却是很好的学习榜样，能够证明这些思维和行动方式将如何改变你的现实生活。下面让我们来认识一下他们吧！

乔纳森·邦德

你觉得自己已经很出色了，但事实未必如此。

乔纳森·邦德（Jonathan Bond）是英国一家顶级律师事务所

的人力资源总监，他在法律及银行领域一直表现得很活跃。同时，他还被《律师》（*The Lawyer*）杂志评选为"年度人力资源总监"。某位与他相交甚密的同事说的一句话深受乔纳森喜爱并经常被他引用——"成功者身边常不乏批评者"。乔纳森认为，在不讲人情的法律圈发展，有张厚脸皮非常重要。

为何选择乔纳森

诚然，乔纳森正处在迈向其事业巅峰的阶段。但如果他想最终获得职业生涯的圆满，那么他需要做到乐于倾听他人的反馈意见。与此同时，作为一个提供内部服务的团队的领导者，倾听他人需求的重要性对乔纳森而言更加不容忽视。他的经历将很好地诠释第 3 章与第 4 章中的相关内容。

亚当·吉

社交是一件让人感到快乐的事。

亚当·吉（Adam Gee）是一位经验丰富的英国广播公司跨平台互动节目的专员。目前他承担英国广播公司第 4 频道跨平台调试编辑的工作，并负责与休·弗恩利 – 惠汀斯托尔（Hugh Fearnley-Whittingstall）共同完成的《大鱼的争斗》（*The Big Fish Fight*）、《限制级诊疗室》（*Embarrassing Bodies*）、《杰米的梦想学校》（*Jamie's Dream School*）等栏目。

凭借着出色的作品，亚当已荣获了 70 多项国际大奖，其中包括英国电影和电视艺术学院颁发的三个奖项（英国电影学院奖、英国学术电影奖、英国电影奖）、三次获得英国皇家电视协会奖、《卫报》（*The Guardian*）颁发的两次媒体创新奖以及在纽约国际电影电视节上获得的奖项。

亚当是英国电影和电视艺术学院下属的电视与互动式娱乐委员会的成员，同时也是欧洲电影学院享有表决权的成员之一。除此之外，他还是《文化全天报》（*Culture24*）的栏目理事、D 基金会的顾问和《挑战常规》（*Disorder*）杂志的顾问。

为何选择亚当

亚当能与我们分享的经验有很多，如有关与身边的人交往的故事等。无论是在他人心中还是亚当对自己的评价，他都不愧为一个创新达人和社交达人。严格来讲，他并不是为了一己私利进行社交活动，而是因为身边的人引起了他与之交往的兴趣。在第6章中，他对于建立人际关系方面的观点非常重要。同样，在第4章中，他也将清楚地告诉我们究竟是什么帮助他成了社交达人。

伯妮丝·莫兰

请聆听自己的心声。

伯妮丝·莫兰（Bernice Moran）的父亲在爱尔兰国家航空公司工作，受父亲的影响，伯妮丝自小就酷爱飞行。在克服一系列困难之后，她走上了爱尔兰瑞安航空公司的管理岗位，同时成

了欧洲历史上最年轻的女机长，从而真正实现了儿时翱翔蓝天的梦想。然而，对伯妮丝而言，梦想从未就此止步。怀揣着成为英国维珍航空公司飞行员的雄心壮志，经过八年的不懈努力，她终于进入英国维珍航空公司，并能够亲自驾驶波音 747 客机了。事实上，并非所谓的绝世好运成就了伯妮丝，而是她通过坚持、努力以及清晰的思路成功地塑造了今天的自己。除了飞行员这个角色，伯妮丝还经营着一家为特殊节日或纪念活动提供服务的糕点店，算得上是个名副其实的女商人。

为何选择伯妮丝

在实现梦想的道路上，伯妮丝成功地将两个重要因素合二为一：一是如何倾听自己的心声；二是如何将梦想与实现梦想所需的清晰规划相结合（这将在第 5 章中提及）。这两个因素对于培养成功人士拥有的思维和行动方式可谓至关重要。

默·纳扎姆

我原本可以抛弃心爱的吉他，从此不再涉足音乐圈。

默·纳扎姆（Mo Nazam）是一位享誉全球的吉他演奏家及音乐老师。在 20 世纪 80 年代，他是复兴英国爵士乐运动的先锋，曾与当时乐坛的许多新兴组合如"爵士勇士"（Jazz Warriors）等同台演出，并同许多流行音乐家合作过。默也曾在伦敦皇家音乐厅及许多世界顶级场馆演出过。现在，他正负责一个叫作"祝福"的项目，希望通过这个项目将世界各地拥有不同文化、不同信仰、不同音乐背景的音乐家们连接起来。近些年，他还成了《吉他手》（*Guitarist*）杂志的专栏作家、伦敦慈善机构王子信托（The Prince's Trust）的讲师，以及音乐工作坊的负责人。其出色的表现以及曾为英国女王及查尔斯王子演出的经历，让他得以在 2005 年受邀到白金汉宫参加庆祝音乐对英国文化生活贡献的隆重庆典。

为何选择默

为了能有所建树，默一直都非常努力。虽然他曾遇到过许多困难，但却一直坚守着自己当初的选择，正因为如此，那些会使他背离初衷与梦想的困难从未真正将他打倒。他克服这些挫折的经历将在第 3 章中向大家详细讲述。

米歇尔·瑞格比

当我意识到自己有些精神不振时，会主动进行自我调整，否则，浑浑噩噩如行尸走肉般的生活会让我生不如死。

米歇尔·瑞格比（Michele Rigby）是一位出色的社会企业领导者。所谓社会企业，就是那些旨在将极好的商业创意与帮助社会的愿望结合起来的企业团体。1995 年，米歇尔与他人共同出资创办了 IT 循环公司，这家公司聘用的是一些求职很难成功的人。

担任了 10 年 IT 循环公司总经理的米歇尔并不满足，她继续与某些管理层人士共谋大业，共同成立了一个名为"不断再利用"的组织，从而为社会企业与回收再利用领域搭建了沟通的桥梁。2001—2006 年，她在该组织的管理委员会工作，同时也承担着其他社会角色，例如，DTI 小型企业委员会成员、"投资于人"项目主管、英国东部社会企业的首席执行官等。

除此之外，米歇尔还是英国社会公司的董事长，并致力于为社会弱势群体和残障人士增加就业机会。

米歇尔的经历展示了她敏锐的洞察力和清晰的思路。她不仅捕捉到了社会企业的发展需求、国家鼓励促进社会企业利用国民经济资源空间的政策信息，还为推进社会变革提供了新的途径。她称得上是一名真正的"社会企业家"。

为何选择米歇尔

要想有所成就，米歇尔必须在工作中对机遇保持敏锐的洞察力。她的经历将在第 7 章中做重点介绍。

格雷格·赛尔（大英帝国勋章获得者）

如今的我将以无比谨慎的态度面对挑战。

作为一名赛艇运动员，成功对格雷格·赛尔（Greg Searle）而言来得太早。在 1989 年与 1990 年的两届世界青少年赛艇大赛中，格雷格都摘得桂冠。两年后，年仅 20 岁的他与队友乔尼

（Jonny）及舵手盖瑞·赫伯特（Garry Herbert）一同成了双人赛艇（含舵手）项目的奥运会冠军。成功并未就此止步，格雷格于1993年再次荣登世界冠军的宝座，并在之后的世界赛艇锦标赛中获得奖牌，在1996年奥运会上摘得铜牌。然而，2000年奥运会是他人生的分水岭，他与队友本应该将奖牌甚至金牌收入囊中，但最后却与赛艇艾德库德号一同遗憾地排在了第四名。回忆这段经历时他这样说："事情并不总是如我所愿，我也并非战无不胜，这次失败对我来说意义非凡。"

在继续了一段时间的赛艇生涯后，格雷格毅然选择了一条截然不同的人生道路：他加入英国GBR船队并参加了美洲杯帆船赛，而在2002年之后，竞技体育逐渐淡出了他的生活。直到2009年，当所有英国人都在为2012年奥运会将在伦敦举办这个消息感到无比兴奋时，格雷格决定重出江湖。在逐渐将自己的身体调整到最佳状态并跻身英国赛艇前八强之后，他朝着2012年的伦敦奥运会迈出了坚定的步伐。曾经身为世界顶尖选手的格雷格，当时已年过40，而这个年龄其实早已不是参加竞技体育项目的黄金时期。然而，他和他的团队接连在2010年、2011年世界赛艇锦标赛上获得银牌，并朝着2012年伦敦奥运会大步迈进……

为何选择格雷格

格雷格在初出茅庐时便获得了世界冠军。20多年过去了，

极简自律法：
越自律越幸运

一直稳居世界顶尖水平的他渐渐褪去了稚气，变得愈发理智与成熟。过去 20 多年取得的成功让他收获了满满的自信（这也是第 4 章所讲述的重点内容），以及他所依赖的与他人完美相处的模式。

第1章
好运的背后是看不见的自律　　//1

运气非常重要，但似乎是可遇而不可求的。然而，如果你做好充分准备并全力以赴，同时关注细节，那么恭喜你，你将成为幸运女神的宠儿。

——亚当

第4章

自律让你变身行动派　//95

我注意到一件事：最优秀的行动者往往非常看重自己的执行力。他们对自己的要求极高，但同样也能做到虚心求教，欣然接受他人的指导。在我的工作中，身边的律师们都非常努力，因为他们知道，没有什么能够代替努力与勤奋。虽然这听上去没有什么特别之处，但是，最优秀的人往往能够巧妙地平衡努力工作与惬意生活。

——乔纳森

第5章

自律是目标与成功之间的桥梁　//123

我总能知道自己不想做什么，而不是想做什么。以18个月为限，如果我对接下来的18个月的计划很感兴趣并心向往之，那么我就不会因为无趣感到烦躁或坐立不安。和其他人不同，我的目标和事业规划既不长远也不宏伟。对我而言，当下的快乐和充实感最为重要，而不是那遥不可及、虚无缥缈的未来。

——亚当

第6章

自律帮助你创造优质的人际关系   //149

无论参与何种形式的交流活动，能够发现并领会他人观点的能力都显得至关重要。坦白来讲，许多人在这方面能力的欠缺常常到了让我瞠目结舌的地步。举一个最普通的例子：在与他人交流时，人们很难意识到自己言语间所表达的晦涩难懂的行话，而对这些细节的忽略会让听者感到自己的观点和态度未被理解和重视。

——亚当

第7章

自律让机遇无处不在   //189

所谓机遇，就是人世间无处不在、无时不有的一切可能。我曾去过几所学校，在和学生们聊天的过程中，我惊讶地发现他们竟然从来没有意识到创造力可以影响并引导他们实现一切梦想。

——约翰·赫加蒂爵士（John Hegarty）
广告大师

第1章

好运的背后是看不见的自律

运气非常重要，但似乎是可遇而不可求的。然而，如果你做好充分准备并全力以赴，同时关注细节，那么恭喜你，你将成为幸运女神的宠儿。

——亚当

极简自律法：
越自律越幸运

　　在本书中，我认为的好运并非上帝厚赠的神秘恩赐，而是通过自身努力争取来的成果。在研究了一些案例之后，你将有机会成为幸运的那个人。

好运从何而来

　　通过对身边各种资源的巧妙利用，好运便会应运而生。本书的框架也正是由这些重要的资源构成的。为了更好地介绍它们，我特意在这一章设计了一份调查问卷，来帮助大家将成功人士拥有的思维和行动方式与自己的日常生活联系起来。这样做的重要性是，如果你能将本书的内容与自己的亲身经历相结合，那么将会从本书中收获更多，并享受到更加充实而丰富的阅读体验。

调查问卷

　　在回答这份调查问卷之前，请你仔细阅读每个问题之前的相关描述。在调查问卷中，除了前两道题需要你列出一个简单的清单之外，其他问题只需要你对所描述的内容做出"是"或"否"的选择即可。有些问题很实际也很容易回答，但有些问题却需要你加以思考。在回答这份调查问卷的过程中，你将逐渐认识到这些描述与成功人士拥有的思维和行动方式之间存在着密不可分的内在联系。

以下是答题前给大家提供的几个小建议。

1. 请诚实回答，不要在那些理想化的答案上犹豫不决。

2. 如果你能将答案与自己的某段特定的经历联系起来，那么你会发现这份调查问卷会更有意义。在答题过程中，你可以在问题描述的旁边记录下那段经历（从而可以随时供自己参考）。在接下来的几章中，这些亲身经历同样可以作为每个思维和行动方式的参考案例。

3. 如果你正值人生的高潮或低谷，那么你的回答也许会因此产生偏差，从而未必能够真实反映自己生活的常态。因此，请你尽量做出最能代表自己日常生活状态的回答。

下面，让我们一同了解成功人士拥有的思维和行动方式吧！

全身心投入你热爱的事

了解你所看重的是什么

如果你想拥有和成功人士一样的思维和行动方式，第一步要做的就是探究自己的内心，了解哪些事物对自己有重要的意义。无论是在工作中还是在生活中，自我意识的塑造将帮助你把时间和精力有效地集中在那些重要的事情上，从而使你登上成功之巅。

极简自律法：
越自律越幸运

1. 请列出在工作中你最感兴趣的事：

_____

_____

_____

_____

_____

2. 请列出你的兴趣爱好或理想与追求：

_____

_____

_____

_____

_____

你需要知道……

　　你是否能够很轻松地列出这些清单呢？你是否发现回答第二个问题比回答第一个问题更容易一些呢？一个看似简单却行之有效的方法便是找出在工作和生活中你最感兴趣的事，并将你的全部精力集中在这些重要的事情上。你也许无法将自己的兴趣爱好转化为日常工作，但是其中克服困难、挑战极限带来的无穷正能量却可以被巧妙地复制并加以利用。

感受渴望与活力

如果某件事对你有着重要的意义，那么在做这件事时你会发现自己可以轻松地调整到最佳状态，并且会对未来的无限可能感到兴奋与向往；同样，你也许会发现，当自己专注于某件事时，想象力会被无限激发，各种机会和灵感像商量好似的，排着队向你扑过来，甚至连时间都仿佛跑得更快了一些。正是这种专注与投入激发了你的内在潜能，使你对机会的感知变得更加敏锐。其他人无法做到这一点的原因也很简单：他们只是比你少了一些必要的渴望与向往。

1. 在每周的五个工作日中，你至少有三天对工作充满热情并能乐在其中。

是　　　　　　　　　否

你需要知道……

当你能够全身心地投入某件事时，成功的思维和行动方式便会慢慢养成。当心中充满了渴望与向往时，你总是能够发现更多的机会与可能。或者说，正是逆境与挑战塑造出了最好的你，而单调与乏味则会令你懈怠甚至退步。

2. 有时候，超负荷的压力让你有些喘不过气来，但即使如此，你依然认为忙碌而充实的生活要比整日无所事事好上百倍。

是　　　　　否

你需要知道……

如果你在清楚了解"积极入世"与"超然脱世"之间的区别后，仍然更倾心于入世的忙碌生活，那么你需要同时接受它所带来的负面影响——当林林总总的大事小事一同向你发难时，你也许会感到应接不暇，甚至濒临崩溃。然而，只有在这种状态下才能感受到的"存在感"却是幸福生活中必不可少的一部分。

3. 生命如白驹过隙，绝不容分毫的挥霍浪费。

是　　　　　否

你需要知道……

这道题也许说得有些笼统，但你是否明白其中的寓意呢？当时间的车轮向前转动时，你也许会惊诧地问道："这一切都是什么啊？"我的回答是："朋友，这一切都是你的人生啊！"生命本就是一段于我们指缝间不断流逝的过往，所以请珍惜当下吧！不要再贪恋窝在沙发里看电视的轻松惬意，因为这些看似微不足道的小事，却足以成为吞噬你的宝贵时间的元凶。请记住，不要让你的生活被那些琐碎而无用的小事占据，因为生命本该更有价值。

可以成事与愿意成事

成功，不仅需要渊博的学识、出众的能力，还需要不竭的动力与激情。虽然人们对任何事的追求几乎都始于内心的强烈渴望，但是在追寻梦想的漫漫长路上，"能做"与"想做"两大因素却紧密相连，缺一不可。

1. 你工作的目的仅仅是养家糊口。

是 否

你需要知道……

如果这是你内心的真实想法，那么恐怕你从工作中得到的回报也仅限于薪金报酬了。在一个人的一生中，平均有 7 万小时的时间在工作，这是一段无比漫长的时间。假如你只是身在岗位，而内心却早已进入退休的懈怠状态，那么这将注定你无法从工作中获得任何成就感。如果想要改变这种状态，我建议你不妨为每天早起上班找到除赚钱以外的理由与动力，从而帮助自己认识工作的意义和价值所在；同时，这样做还能够让你

更加敏锐地捕捉工作中的各种机遇。这样一来，这些激励与动力将会无限延伸并逐渐超过薪金报酬给你带来的喜悦与成就感。当然，你也可以选择年纪轻轻就毫无抱负、平淡度日，不再为工作费心操劳，但你要知道，那些成绩斐然的成功人士即使两鬓斑白、年逾古稀，也绝不允许自己有丝毫懈怠或心理退休。

2. 为了保持最好的工作状态，你对未来两年中需要提高和完善的方面制定了清晰的规划。

是　　　　　　　　否

你需要知道……

　　幸运的人从来不会把"活到老，学到老"当作一件羞于见人的事。因为他们深刻地意识到：自身的学识需要不断更新，与时俱进。

学习

失败是好事

　　失败是人生中不可或缺的一部分。每一次失败的经历不仅能让你静下心来总结经验教训，还能教会你如何直面失败，如何调整状态以更成熟的心态迎接成功的到来。

1. 过往的经历是用来学习与总结的，而未来则是需要拼搏与奋斗的。

是　　　　　　　　否

你需要知道……

　　在任何时候我们都可能遭遇失败，然而，如果没有失败，成功也就无从谈起甚至会丧失原本的意义与价值。自律的人都认为，失败是通往成功的必经之路，即使失败，也并非代表你无法变得更好。人们经常会因为一时的不如意而垂头丧气、信心全无，但为何不换个角度看待失败，为将要获得的成功重整旗鼓呢？现在请你回忆一下：在过去的岁月里，你是否有通过不懈努力最终获得成功的经历呢？另外请记住一点：你在某件事上表现得越投入、越出色，幸运女神也将越发频繁地垂青你。

2. 在过去的某件事上（如考取驾驶证），你曾遭受多次失败才最终获得成功。

是　　　　　　　　否

你需要知道……

　　在生活中，你会不止一次地证实一个道理：如果想把某件事做到极致，那么你需要积极面对并妥善处理每一次失败，同时从中总结出宝贵的经验并积攒继续奋斗的力量。

极简自律法：
越自律越幸运

了解你的能力

除了现有的能力之外，你是否还了解自己所具备的其他能力呢？人们很容易在自己具有竞争力的优势方面骄傲自满，并且对探索其他未知的潜能毫无兴趣。然而，正是这种故步自封的状态，使你在这个飞速发展的时代里迅速落伍。如果你希望自己能时常受到幸运女神的眷顾，那么就需要随时保持对新事物的好奇心以及乐于尝试的热情，否则你将永远无法了解自己还有什么潜能尚未被发掘。

1. 有一次，你惊喜地发现自己在接触某个新事物时的表现比想象中更好。

是　　　　　　　　否

你需要知道……

宿命论者并不屑于这种成功，因为他们认定这只是一种"偶尔的好运"罢了。然而，事实并非如此。人们之所以获得成功是因为具备了获得成功的能力，而并非那些无法预测的"好运"。

2. 曾经的自己（5年至10年之前）会对现在自己所能胜任的工作大为吃惊。

是　　　　　　　　否

你需要知道……

在建立自信的过程中，进步与成功的作用不可小觑。这也说明了一个道理：每个人都可以比想象中表现得更出色。

乐于接受反馈意见

无论是表扬还是批评，他人的反馈意见都是有利于你成长的珍贵礼物，如何利用好这份礼物完全取决于你的态度。正确的做法是，花时间认真考虑这些反馈意见的价值，而不是立即采纳或断然拒绝；仔细思索如何根据这些反馈意见完善自我并对反馈意见的提出者给予适当的回应，而不是像一只无头苍蝇一般扎进那些考虑不周的解决方案中无法自拔。

1. 最初你很厌恶那些反馈意见，但事后看来那些反馈意见也不无道理。

　　　　　　　是　　　　　　　　　　　否

你需要知道……

当从他人那里获得反馈意见，或者你原以为只有自己知道的一些秘密时，你也许会出现一些非常情绪化的反应，如"他的观点我完全不能接受"。应对这种情况的关键在于，永远不要认为这些反馈意见是针对你个人的人身攻击（即便看似如此）。

2.有时你会因为别人的夸奖而感到不好意思。

是　　　　　　　　　否

你需要知道……

　　这种情况很常见。当你因表现出色被他人夸奖时，你是否脱口而出诸如"其实我做得并没有那么好"之类的话？如果是这样，那么从现在开始停止拒绝这些夸奖吧！欣然接受他人的赞扬并记住自己曾经付出的努力，那么成功将与失败一样，成为你一生中的宝贵财富。

效仿式学习

　　有些人认为，他人的成功会打击自己的信心。但为何不这样想："他们能成功，那我也没有理由不能成功呀！"

　　1.你喜欢看到他人获得成功，并且希望自己能因此受到激励。

是　　　　　　　　　否

你需要知道……

　　你是否嫉妒别人获得的成功？是否会因为"为何是他而不是我"这样的想法而感到郁闷呢？嫉妒会让人迷失方向。他人的成功应该成为激励你的动力，而不是削弱自信的武器。你可以利用他人的成功来督促自己更加勤奋与努力，向大家证明"他能做到或想到的，我也一定可以"。

接下来的两段描述是关于效仿式学习的某一特定方面，即谦逊的智慧。

2. 在过去的半年中，当不知道或不了解某件事时，你曾向他人谦虚求教："我不太明白，你能告诉我吗？"

是　　　　　　　　否

你需要知道……

其实，对自己说"我不知道"比对别人说容易得多。但有些人甚至连对自己坦诚这一点都做不到。如果你还没有准备好承认自己在某些方面存在欠缺，那么你将因此失去汲取知识、提升自我的大好机会。

3. 当你发现自己对某一事物缺乏认知时，会毫不犹豫地上网搜索、查阅书籍，或者向他人请教。

是　　　　　　　　否

极简自律法：
越自律越幸运

你需要知道……

　　你是认可"我不懂，所以我很蠢"这样的观点，还是认可"我不知道答案，但这很正常；尽管我做不到无所不知（如果真是这样，岂不是太无趣了），但我仍然愿意去探索、发现与学习"这样的观点呢？换句话说，真正的智者愿意发现自身的不足并尽力去弥补、完善，而不是狭隘地认定自己的才智低人一等。

　　聪明的人同样可能是思维局限的人，因为他们常常认定"我很聪明，因此我永远是正确的"这样的观点。这种思维定式可能形成于他们的少年时期，因为那些聪明的孩子的世界观可能在 18 岁左右就已定型，并且很难在今后的岁月中再改变了。

把恐惧感转化为成就感

　　如何体会内心的感受、如何与自己对话、如何让自己的心态更加积极都是能否成功的关键因素。

1. 你曾对将要面临的事情深感焦虑，如在陌生的环境中与他人交谈或做一次公开演讲。

是　　　　　　　　　否

2. 有时候，尽管你对即将到来的事情感到忐忑不安，但实际情况却并没有想象中那么糟糕（你能想到具体的例子吗）。

是　　　　　　　　否

你需要知道……

每个人都有令自己感到恐惧的事物。通常情况下，妥善处理这些恐惧感会成为你实现自我抱负的敲门砖。当对某一事物感到焦虑时，你的自我暗示不仅会进一步加重这种感受，还会通过行为举止表现出来。在某些情境下，焦虑情绪很容易产生，如身处社交场合中或每一次公开演讲之前。一想到这些情境，很多人都会觉得头痛、心烦。其实，有些人完全不会为这种问题感到烦恼，那是什么让这些人能够如此沉着冷静、轻松镇定呢？

行动

勤奋与努力

懒惰的人绝不会做到自律。但你也不必不分昼夜地埋头苦干。最出色的行动者都知道应该在何时何地狠下功夫。为了使收益最大化，他们在辛勤工作的同时会带有明确的目的性，以此来指导自己的行动，从而表现得更加出色。

1. 你清楚地了解自己的优势和劣势。

是　　　　　　　　　　　否

你需要知道……

单纯依靠天赋去谋求成功的人就是在让命运主宰自己的人生。成功人士都明白一个道理：除了天赋，真正使自己与众不同的应该是后天的勤奋与努力。

2. 你需要不断练习才能掌握某项技能。

是　　　　　　　　　　　否

你需要知道……

如果你想要脱颖而出，就需要"不懈的努力 + 反复的练习"。天赋是与生俱来且无法改变的，而后天的勤奋与努力却能为你带来完全不同的结果。换言之，只要付出努力，一切皆有可能。

如何找准自己的位置

简而言之，准确自我定位就是深刻地认识自身的价值，以及领悟我们来到这个世界上所肩负的使命。

1. 当你身为团队（如工作团队或体育团队）中的一员时，你能清楚地认识到自己的作用以及你能给团队带来的价值。

是 否

你需要知道……

之所以能够成为团队中的一员，是因为你具备团队需要的某种技术或才能。这种技术或才能可以体现在体育团队中所负责的比赛位置，或者在工作中所处的岗位，等等。除此之外，你也许还带来了一些较为抽象的才能，如活跃的思维、创新的思想、出色的团队凝聚力、卓越的领袖风范等。

2. 在与他人（这些人可以是工作小组成员、客户、上司，也可以是在社交活动中、运动中或兴趣小组活动中新结识的朋友）共事时，你能毫不费力地知晓他们希望从你这里得到些什么。

是 否

你需要知道……

成功人士对以下三大要素了然于胸：所做的事、所需要的才能和自我定位。在工作中，自我表现不能仅仅局限于职位描述中刻板的条条框框；相反，你需要全身心投入的是那些能让你有出色表现的"要紧事"。

极简自律法：
越自律越幸运

跳出惯性思维

你只有跳出惯性思维，才能拥有更加开放、活跃的思维，同时告诉自己在哪些情况下才能有效地激发自己的潜能。除此之外，跳出惯性思维还会要求你适时放缓思维，从而更好地捕捉那些转瞬即逝的绝妙点子。

1. 你知道自己在什么情况下会有最棒的想法，并且现在就能很快地将这些情况罗列出来。

是　　　　　　否

你需要知道……

大多数情况下，当你并没有刻意思考某个问题时，好点子最容易出现。事实上，许多人都是在思维最放松的状态下（如淋浴、外出散步或游泳时）灵光乍现、头脑中闪现一个好点子的。

2. 当脑海中闪现一个好点子时，即便是凌晨三点钟，你也会从床上爬起来将它记录下来。

是　　　　　　否

你需要知道……

对于好点子，你是任它们转瞬即逝，还是把它们写下来呢？有一个人曾在浴室的墙上挂一块白板，方便他在洗澡时记录下自己突然想到的好点子。

3. 当你用搜索引擎查找资料时，习惯一直看到第 20 页甚至第 30 页之后的搜索结果。

是   否

你需要知道……

这里要强调的问题是，大多数人往往只关注那些显而易见的事，但你是否想过这些事也是众所周知的？就如同最直白的搜索结果会出现在前几页，而那些颇有意思的信息却总隐藏在比较靠后的页面中。因此，你需要考虑的问题是"我是否能在一些看似不可能的地方发现更为有趣的东西"。

保持新鲜感

持续纠缠一件事会让你头昏脑涨、身心俱疲，而自律的人绝不会如此。他们总会带着极强的好奇心，积极探寻各种新的体验和不同的处事方式，从而使自己随时保持清醒的头脑和活跃的思维。

1. 你曾在过去的一年中有过"宅家式休假"（如果你看不懂这道题，那么请选"否"）。

是   否

极简自律法：
越自律越幸运

你需要知道……

如果你对周围的环境过于熟悉，那么也许会因此错失一些不易察觉的小惊喜。这个道理同样适用于工作和假期中。你不妨做一天旅行者，带着好奇的双眼和心情，换个全新的角度审视自己所处的环境，并在住处附近好好"探索"一番吧！相信我，你一定会收获颇丰！

2. 你清楚地记得"初次"尝试某件新事物的经历（如果10秒内想不出答案，那么请选"否"）。

　　　　　　是　　　　　　　　　　否

你需要知道……

在寻找机遇和做到自律的过程中，保持一颗随时愿意尝试新鲜事物的心非常重要。与此同时，积极寻求新体验的实践行动也必不可少。这是继上一题后，需要你继续努力的方向。

3. 你偶尔会选择不同的上班路线。

　　　　　　是　　　　　　　　　　否

你需要知道……

选择一条不同的上班路线是打破生活常规的一小步。除此之外还有许多其他方法，如换一种交通方式。请记住，打破常规有助于你时刻保持活跃的思维和清醒的头脑。

4. 尝试新事物让你有一种"活着"的感觉，这也正是你在生活中应该保持的状态。

是　　　　　　　　　　否

你需要知道……

对大多数人而言，稳定且规律的生活也许是最佳选择。但是，为了做到自律，请你拿出一点积极性和大无畏的冒险精神吧！

目标

锁定人生目标

有些人满怀斗志并热衷于制订宏伟的人生计划。例如，受访对象中的伯妮丝·莫兰，她在过去 30 年中一直坚持不懈地追求翱翔蓝天的人生目标。有些人则认为短期目标更适合自己，而另一些人甚至坚持"活在当下"才是最好的选择。其实针对这个问题，并没有所谓的正确答案。如果你发现那些大目标丝毫无法激励自己，那么就不要再被它们困扰。相反，如果人生的宏伟计划

正是你所期盼的，那么就不要再犹豫，赶快着手描绘自己的人生蓝图。针对这一问题，对自我的正确认知就显得至关重要。

1. 你在 20 岁之前就已经制订了人生计划。

　　　　　　是　　　　　　　　　　否

2. 在人生的不同时期，你都有明确的阶段性目标。虽然你不一定将这些目标坚持到底，但它们却在那段时期为你指明了方向。

　　　　　　是　　　　　　　　　　否

你需要知道……

　　有些人在 20 岁之前就为自己制订了人生计划，并为之坚持不懈地努力着。但很多人每日空怀幻想，却没有丝毫实际行动。行动通常需要清晰的思路作为指导，这就需要你为实现伟大的人生目标制订一个长期计划。然而，不同于下面即将提到的短期目标，长远的人生规划往往能够帮助一些人找到人生的真正意义。

明确前进的方向

　　当成功似乎遥不可及时，宏伟的人生目标往往很难起到激励人心的作用。相反，短期目标可以瞬间鼓舞士气，使人坚定信念。

1. 你常常制定短期目标以使自己不断进步（你能列举过去一年中曾发生的具体事例吗）。

是　　　　　　　　否

你需要知道……

树立短期目标可以让那些遥远的"宏伟蓝图"处于你的掌控之中，并变得更加易于实现。这些阶段性的里程碑能够帮助你更好地关注自身的发展和进步。

2. 你知道如何激励自己，并且已经制订好了一系列计划为自己加油。

是　　　　　　　　否

你需要知道……

如果树立短期目标行之有效，那么这便是一个非常棒的激励方法。

活在当下的乐趣

"活在当下"并不意味着生活的全部哲学，它仅仅代表生活的一部分。也就是说，在某些时候，你只需跟随自己内心的真实想法，而无须被过多的理性束缚手脚。

极简自律法：
越自律越幸运

1. 通常情况下，你会在临睡前回顾自己在这一天中遇到的开心的事和难过的事。

是　　　　　　　　　否

你需要知道……

很多时候，我们太容易忘记甚至不能发现那些简单的快乐。

2. 有时你会听从自己内心的冲动。

是　　　　　　　　　否

你需要知道……

内心原始的冲动与向往是生命中非常重要的组成部分。虽然本书介绍了许多理清思路的方法，但太多刻板的教条也会让你错失许多机遇和乐趣。

人际关系

"来而不往非礼也"

很多时候，在与有些人刚开始交往时，我们往往与他们合不来，但随着时间的推移我们会发现自己也能与他们融洽相处。但还有一些人，我们似乎永远都无法与他们和平相处。对于这些

人，我们可以尽量减少与他们发生正面冲突。除此之外，得体的
言谈举止也会在很大程度上为我们赢得同样的回应，正所谓"来
而不往非礼也"。

1. 你曾经遇到的一些人，他们让你难以忍受，并且你无法与
   他们共事。

   是　　　　　　　　否

2. 在生活中，尽管你不喜欢某些人，但仍然努力尝试与他们
   和平相处。

   是　　　　　　　　否

> **你需要知道……**
>
> 　　某些人似乎有更多他人"看不惯""受不了"的方面，也许
> 他们应该试着改变一下自己待人接物的方式，而不是永远指责
> 他人。

构建人际关系

　　构建人际关系是一件快乐的事，你不应该只关注自己能从中
得到多少好处。通过回答下面的第三个问题，你就可以判断出自
己是否具有这种积极正面的社交态度。

1. 你一直在努力培养和维护自己的人际关系网，而不只是通

过职业社交网站或其他社交网站与他人建立联系。

是　　　　　　　　否

你需要知道……

　　除非你是一个活跃的网络达人，否则社交网络只是一个消极被动的社交工具。相比之下，列一张简单明了的联络表是维护人际关系更好的选择。然而，一名社交高手会同时关注那些可以进一步发展的关系，以及那些他们并不认识的人。拓展人际关系意味着你需要与一些人进行面对面的交流。

　　2. 即使很长时间与朋友没有见面，你也不会忘记与他们保持联系，如果你们住得很近，你会经常登门拜访。

是　　　　　　　　否

你需要知道……

　　作为受访者之一的亚当是一名社交高手，我正是从他那里得到了本题中的这条小建议。请记住，时光的流逝、为事业奔波和生活的琐事都不能成为你忘记朋友、疏于交流的借口。

　　3. 你喜欢把能够相互帮助的人聚集到一起。

是　　　　　　　　否

你需要知道……

这样的人际交往方式表明了你愿意与身边的人共同受益，而不仅局限于为自己谋求立竿见影的好处。实际上，从长远角度来看，这会让你受益匪浅，因为人们都会记住你的好。

创造影响力

信誉和信任是你创造影响力的两大重要因素。许多高效能人士都需要他人的帮助与支持才能获得成功，因此他们迫切需要创造影响力和感召力。

1. 我深知自己有怎样的信誉以及为何会有这样的信誉。

是　　　　　　　　　否

你需要知道……

有些人对自己的信誉有一个清晰的认识，而另一些人却有完全错误的认识（当然这些人觉得自己一点错也没有）。但大家公认的观点是，信誉（我指的是美名而并非臭名昭著）是创造影响力、顺畅沟通和说服他人的主要因素。

2. 你经常在聊天中使用"相信我吧"这样的语句。

是　　　　　　　　　否

你需要知道……

信任是创造影响力的主要因素。而这种信任是需要你花时间来建立的。如果有人经常使用"相信我吧"这种语句来影响我，那么我自然会怀疑他的用意。那些真正具有影响力的人通常不会向任何人提醒或强调他们的影响力。

共享成功

共享成功将围绕如何营造你与他人之间的融洽气氛展开说明，并且讨论营造良好氛围的三大要素——不要吝啬赞美、道一声感谢和恭贺他人的成功。

1. 在过去的三个月中，你祝贺过身边获得成功的人。

　　　　　　是　　　　　　　　　　否

你需要知道……

我们会因为遇到困难和挫折而感到苦闷。在工作中，你也许会发现，多如牛毛的讨论会议其实无法起到相互沟通和提高凝聚力的作用。真心赞美别人取得的成功则是建立人与人之间良好关系的最佳方式。毕竟，所有人都愿意被他人赞美。

2. 在过去的一周中，你对帮助过自己的人表示过感谢。

是　　　　　　　　否

你需要知道……

感激和赞美会让你自我感觉良好；同时，你也会牢牢记住那些曾赞美过自己的人。然而，与周围的人相处的时间越长，你就越容易把对方的付出看作是理所应当的。从现在开始，请多花一点时间记住他人对你的付出吧！

机遇

发现机遇

懂得抓住机遇的人不会轻易让机遇从自己手中"溜走"。他们会主动出击抓住机遇，并且在机遇出现时"严阵以待"，随时准备对其大加利用。

1. 当遇到问题时，你总能想到各种解决方法，而不是从一开始就认定唯一的解决方案。

是　　　　　　　　否

你需要知道……

每个人都会有一点完美主义倾向，当遇到问题时，人们往

往会寻找那个唯一的、被公认的最佳解决方案。实际上，还有很多可能性和正确答案可供我们参考和选择。

2. 在过去的一年中，你能回想起某次人们因你的想法而捧腹大笑的场景。

是　　　　　　　否

你需要知道……

　　大多数人都无法忍受尴尬和难堪。但是，就像真理告诉我们的那样：所有人都会不可避免地陷入尴尬的境地。别人笑话你也许是他们想掩饰自己的不自信，而并非真的嘲笑你，或许仅仅是因为他们喜欢看你的窘态而已。不管他人如何看待你，你都要大胆地去想、去做。能够抓住机遇的人往往都不怕被他人嘲笑，因为他们深知，一个看上去很可笑的想法也许就能成就未来一段成功的传奇。

3. 你知道并曾去过自己的家乡或现居地的制高点。

是　　　　　　　否

你需要知道……

　　如果你想知道自己对周围的一切是否有好奇心，可以这样问自己："我能否通过身心并用的方式来感受身边的环境和事物？"那些善于抓住机遇的人经常会问自己这样的问题："我能否用更好、更便捷的方法快速且富有新意地完成一件事呢？"

4. 倘若没有奇迹发生，你就亲自创造奇迹。

是　　　　　　　　否

你需要知道……

企业家兼拳击手的乔治·福尔曼（George Foreman）曾说过："在我看来，没有问题才是最大的问题。"事实正是如此，那些能够敏锐发现机遇的人从不满足于现状。

5. 在走路时，你习惯抬头看而不是平视前方。

是　　　　　　　　否

你需要知道……

我之所以用走路打比方是因为我想强调"拓宽眼界"的重要性。实际上，这不仅仅是一个比方——当我们抬头看时，会发现与平视时一样甚至更好的事物。如果我们不主动寻找机遇，那么机遇可能就不存在；如果我们能够到不同地方寻找机遇，那么无数的机遇将与我们不期而遇。

6. 你曾在几分钟之内仅凭直觉就做出了改变人生的重大
决定。

是　　　　　　　　否

你需要知道……

　　有时候，直觉和情绪化的反应确实会妨碍我们做出正确的决定。但从原则上来说，在某些情况下，机遇确实会转瞬即逝，由不得我们深思熟虑。有时，聆听内心的真实想法（不假思索）和仔细斟酌（深思熟虑）一样花费时间。当我与小组成员一同工作并致力于帮助他们做出更好的决定时，我发现了一个有趣的现象：大多数人认为自己不假思索地做出的决定和深思熟虑后做出的决定一样正确。那些在经过深思熟虑后做出的决定往往比那些一时冲动做出的决定缺乏情感推动，而人们都更倾向于执行有情感推动的决定。

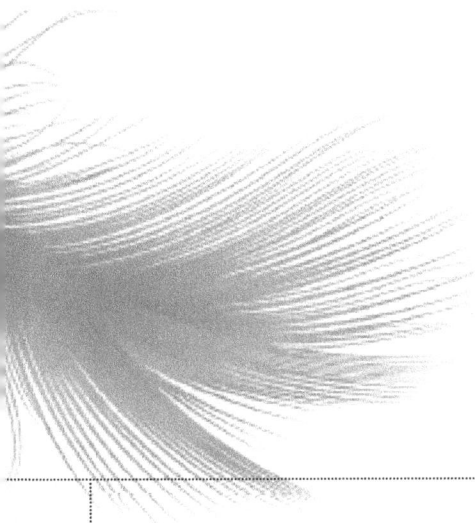

第2章

通往自律的大门——全身心投入你热爱的事

我现在能做些什么呢？难道去学打高尔夫球吗？我多想回到之前每天都干劲十足、充满活力的生活中啊。

——德尔小子（DEL-BOY）

英国广播公司 BBC 热播喜剧《只有傻瓜和马》

（*Only Fools and Horses*）

极简自律法：
越自律越幸运

很多人都喜欢看情景喜剧，因为从中仿佛能看到自己的影子。情景喜剧中的一些情节或台词在让人捧腹大笑的同时，也会发人深省。

在英国传统情景喜剧《只有傻瓜和马》中，勤奋的男主角德尔小子是一个终日拎着货箱，走街串巷售卖各种货物的商贩。一次偶然的机会，他和他的兄弟卖掉了一只非常罕见的 18 世纪的怀表（有趣的是，这只怀表已经躺在他们的车库里不知多长时间了，其历史可以追溯到维多利亚时期，并一直被当作煮蛋计时器使用），因此一夜暴富，成了名副其实的百万富翁。从此以后，德尔小子再也不用为生计而拼命工作了，他开始认真思考自己的人生，试图找出过去人生中留下的某些遗憾并希望在今后的岁月中予以弥补。然而，让观众意想不到的是，他并没有因为这笔意外之财而获得满满的幸福感。在情景喜剧中，他曾向朋友们抱怨："我现在能做些什么呢？难道去学打高尔夫球吗？我多想回到之前每天都干劲十足、充满活力的生活中啊。"

如果你缺乏渴望与活力，那么无论在工作中还是在生活中，你都无法获得成功。怎样才能拥有渴望与活力呢？这就需要你在认清自己追求的目标后，将生活安排得充实有趣，同时还要了解自己是一个怎样的人。也就是说，你要把所有干劲、学识还有技能巧妙地结合起来，充分运用它们并有所建树。下面这两个因素将决定你是否成功。

- 认同感：你认可这件事吗？
- 行动力：你能胜任这件事并出色完成吗？

在这两个因素中，前者将决定后者。在本章中，我们将一起研究如何全身心投入你热爱的事业，围绕着我们如何对正在做的事情产生认同感与亲近感展开说明。

了解你所看重的是什么

我的情绪时常摇摆不定——有时我觉得自己很差劲，而有时我又觉得自己简直是世界上最出色的人。在看电视剧时，我的视角有时理性而客观并随时告诫自己"电视剧只是一种艺术表现形式，与现实生活没多大关系"；但有时候，我又觉得"哇，这部电视剧一定会给观众带来很大的影响，使人们的生活越来越美好"。例如，《大鱼的争斗》这个节目曾对超市的销售业绩产生了显著的影响——家庭主妇们都希望自己的孩子能长得更高一点，因此她们会更倾向于选择购买深海鱼类进行烹调。总而言之，电视剧对我有着重要意义，甚至可以被当作生命的养料。

——亚当

第 1 章的调查问卷中的第一个问题包含以下两部分：

极简自律法：
越自律越幸运

1. 请列出在工作中你最感兴趣的事；

2. 请列出你的兴趣爱好或理想与追求。

"工作＝无聊"和"玩乐＝有趣"的思维陷阱很容易影响第一个问题的答案，你的答案很可能是接受挑战、赚钱、结识陌生人、履行责任、考验自己、增加知识储备和提高技能水平。其实，除了以上答案之外，还有很多其他选择。

如果你对现在的工作毫无兴趣，那么可以改变一下题目（在"感兴趣"之前加个"不"字）再问自己一遍，也许能列入清单的事项就会很多。你会发现，自己列出的内容实际上就是自己厌恶这份工作的各种证据罢了。

当我问格雷格和亚当同样的问题时，他们给出了不同的回答：对格雷格而言，人类最自然的天性应该是得到尊重；而亚当则认为学有所用才是生命的原动力。

我们总是希望能够找到激励自己前进的不竭动力，有些人甚至夸张地将其视为人生的意义所在。

很多人都被同一个问题困扰：当你因某件事而不停忙碌时，你会成为什么样的人呢？如果你所做的一切都忠于自己的内心，那么你可以高兴且坦然地说："我在做我自己。"这是再好不过的答案了。但是，如果你违背了自己的真实意愿与渴求，心不在焉的感觉则会让你毫无成就感与幸福感。换言之，如果被一份毫无兴趣的工作束缚，那么你将痛苦地熬过生命中的 7 万个小时这段无比漫长的时间。

认清自身优势和价值

是什么帮助我取得了事业上的成功？答案是，不管你扮演什么角色，也不管这个角色外表光鲜与否，你都应该满怀激情地演好它。初入职场时，我常问自己："这份工作是否真的适合我？"其实，这个问题本身已经表明我并不满意当下的工作，是时候做出改变了。

——乔纳森

心理学家认为，人们总是在"真我"与"面具（角色）"之间进行选择。所谓真我，就是我们的长处、短处和价值观，而面具（角色）则是指我们展现给外界的样子，有时候我们不得不选择戴上面具，这样做是为了能在工作中取得更大的成就，或者与他人建立更为融洽的人际关系（即使是与自己的终身伴侣也是如此）。当我们身处一个团队中时，为了对正在做的事情有更高的认同感和亲近感，你需要努力协调真我与面具（角色）两者之间的关系。

下面，让我们更进一步了解这三个因素吧！

- **真我**。清楚地了解对自己具有重要意义的事物非常重要。那些你真正感兴趣的事物会让你瞬间热血沸腾、兴奋不已。价值观将帮助你判断自己所选择的方向是否正确。

换句话说，当你选择了并不适合自己的道路时，它将会通过各种方式向你发出警告。

- **团队**。为了提高凝聚力，许多团队都形成了一套自身的价值体系。无论是身处工作团队、体育团队、业余戏剧小组中还是身处合唱团中，你都需要将自身的价值观与团体的价值观进行协调。有时候，团体的价值观会以书面的形式呈现给每个组员。除此之外，团体的核心价值观还会体现在每个组员的言谈举止上。

- **我的角色**（**面具**）。每个人都扮演着各式各样的社会角色。在工作中，你需要表现得认真谨慎、富有创造力且高效；而在生活中，你又要在亲友面前扮演截然不同的角色。有时候，这些角色的特点有章可循，但很多时候，你所面对的则是一些没有固定套路的角色。

人们所追寻的完美状态恰恰是以上三个因素的和谐共存，这三者之间所产生的微妙反应可以帮助人们获得对事物的认同感。换句话说，将这三个因素相结合不仅可以让人更加热爱工作，还能让人随时充满渴望与活力。

在娱乐或休闲时，人们会自然而然地将这三个因素联系在一起。例如，你之所以决定加入游泳俱乐部，是因为你非常重视保持苗条的身材和健康的体魄，也非常享受游泳带来的独处时光，而游泳俱乐部不仅能满足你的这些诉求，同时还能让你接触到一群志同道合的朋友。

接下来，让我们一起追根溯源，看看这三个因素的结合是如何影响一个人的。下面是两个简单的小测试：第一个测试需要你结合自己的价值观进行深入思考；第二个测试则通过三个圆圈来告诉你什么是亲近感。

着装小测试

下图是代表"真我"的人体模特。

首先你要为它穿上衣服。衣服代表"团队"。请先设想一下你所希望展现的"团队"形象。让我们用工作团队打个比方：在工作环境中，你的人体模特将怎样穿着打扮呢？例如，一套传统的职业套装会体现出这个工作团队冷静、沉着、严谨的价值观；而色彩鲜艳、自由随意且充满想象力的着装则代表着一个注重创造力和轻松氛围的工作团队。接下来，选择什么款式的腰带呢？如果你选择了一条勒得较紧的腰带，那么说明你所处的工作环境十分严肃，并且你时时处于领导的监视之下。如果你喜欢这样

的着装（确实有很多人喜欢）当然很好，但如果你不喜欢，那么需要适当改变一下。总而言之，请为人体模特穿上你认为最得体的衣服，并考虑清楚这样的装扮是否适合你。

现在让我们来考虑第三个因素，也就是帽子的样式（即"角色"）。你也许听过人们在工作中谈论"帽子"，如"我正戴着管理者的帽子（头衔）……"戴着这样的帽子是否得体呢？和衣服搭配吗？帽子会不会太大？——这是指你是否正扮演着一个非常重要的角色？帽子是否适合人体模特？如果答案都是肯定的，那么你看上去就有一个不错的整体形象，更重要的是，这代表着你能够完美协调"真我""团队"与"角色"之间的关系。

你认为现在的角色并不适合自己。

也许你所在的公司正将每个员工置于严格监管之下。

三个圆圈

如果你并不擅长画画，那么这个测试将会是你的不二选择。在本测试中，三个圆圈分别代表三个因素，即"真我""团队"与"角色"。

A．真我

B．团队

C．角色

共同的价值观——"真我""团队"与"角色"

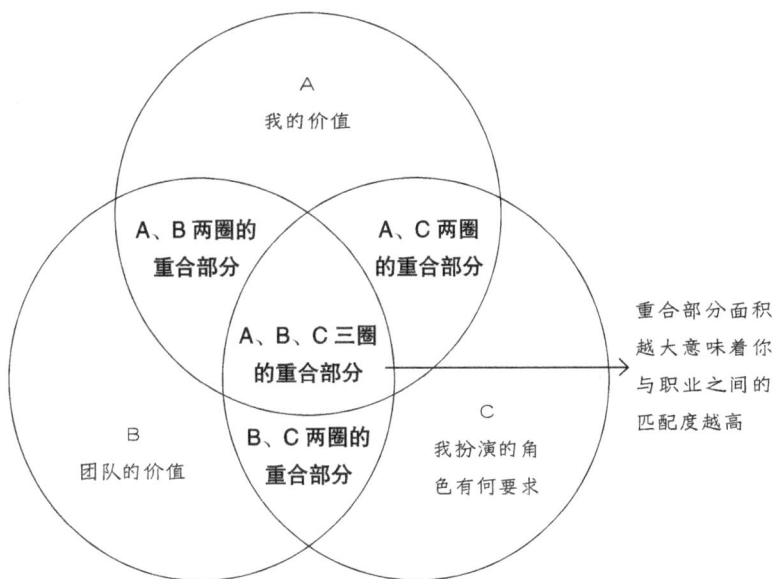

A
我的价值

A、B 两圈的
重合部分

A、C 两圈
的重合部分

A、B、C 三圈
的重合部分

B
团队的价值

B、C 两圈的
重合部分

C
我扮演的角
色有何要求

重合部分面积
越大意味着你
与职业之间的
匹配度越高

三个圆圈的重合程度向你展现了三个因素之间的关系（如果这三个圆圈互不重叠，那么说明你与团队、角色之间

存在着很大的差距）。三个因素最完美的关系体现为三个圆圈完全重合的状态。

我们不妨依照从易到难的顺序，先找出 A 与 C、B 与 C 或 A 与 B 之间的共性（重叠部分）进行研究。找到三个圆圈的共性之后，你就可以分别研究每个因素独有的特点了。

妥协

现在你知道了：你与工作之间的协调程度取决于这三个因素之间的协调程度。所谓工作，并不应局限于你的正式职业，它还可以是你的某项兴趣爱好。也许这个爱好你以前就有，但你希望在原有的基础上投入更多的时间与精力；也可以是一个新的爱好。能从工作中获得多少快乐取决于你做出了多少妥协与让步，而能否做到自律也是如此。换句话说，自律是基于你对所做的事情的认同感与亲近感，而这种亲近感能让你更加敏锐地发觉工作中的各种可能与机遇。那么现在，让我们回到本章一开始提到的问题：当你因某件事而不停忙碌时，你会成为什么样的人？如果你无法忠于自己的内心，那么当你做一件自己并不热爱的事情时，你一定不会感到快乐。

极简自律笔记：了解你所看重的是什么

☺ **清楚了解：**你所看重的是什么？例如，你的价值观是怎样的？

☺ 清楚了解：自己的价值观是否受到他人和团队（如领导、参加的社团等）的认同与赞许？

☺ 清楚了解：他人对你的社会角色有着怎样的期待？你戴着什么样的"帽子"呢？

☺ 评价三个因素之间的协调程度："真我""团队"与"角色"。

☺ 准备好做出一些让步：一味地追求完美会让你变得不快乐。

☺ 想办法解决三个因素之间的不协调之处，并适时做出一些妥协与让步。请记住：你完全可以在一生中的其他时间完成自己以前制定的目标，所以不必急于一时，也不必过分强求。

感受渴望与活力

我所看重的并不仅仅是赛艇运动本身，而是比赛给我带来的快感。我真的非常喜欢训练的感觉，从中得到的快乐让一切付出都变得值得。虽然有时候训练过程很辛苦，但这种辛苦只能算是为了获取快乐的一点代价而已。

——格雷格

坐在飞机驾驶座上的感觉简直妙不可言。当我驾驶着重400吨、承载着500位乘客的飞机翱翔蓝天，并从自动驾驶系统转换为手动操作时……天啊，那种感觉真的无法用语言形容。虽然听上去很老土，但我还是要说："这种体验就像是中了彩票一样刺激！"

——伯妮丝

极简自律法：
越自律越幸运

当你在做自己不感兴趣的事情时，你会明显感觉到自己的懈怠和心不在焉。你也许是被某些因素"牵绊住"（如与周围同事的关系），从而不得不日复一日地埋头于并不喜欢的琐碎工作中。你会因此而感到满足吗？而当你因某事而感受到无穷的"渴望与活力"时，你会发现自己充满了斗志，恨不得马上开始大干一场！

下面四个小问题可以为你解答一个大问题：你所从事的工作是否能让你心潮澎湃。

1. 在一周的工作日中，你是否有三天或三天以上的时间在早上起床时无比期待新一天的工作？

2. 你是否能想象如果这辈子没有从事现在的工作，那么自己会是什么样子？

3. 在工作中你是否富有创造性？例如，能不断想出新点子。

4. 在一天的工作中，你是否会在伏案忙碌一段时间（一小时以上）后，抬头看表时发现时间过得好快？

接下来让我们逐一讨论上述这些观点。

我希望自己在这里

当我意识到自己有些精神不振时，会主动进行自我调整，否则，浑浑噩噩如行尸走肉般的生活会让我生不如死。

——米歇尔

有两类人对工作毫无渴望：第一类是那些对工作完全抱有抵触情绪的人；第二类是因为没能选择自己真正热爱的工作而终日消极怠工的人。其实，后者的工作中不乏有趣的内容，但在他们心中，让自己头疼的部分永远更胜一筹。

一个人即使有无比热衷的兴趣爱好，也会在某一天对这些爱好感到厌烦（也许是不想跳进游泳池、不想组装火车模型，或者无心做手工编织）。当你正全身心投入到热爱的事业中时，短暂的休息反而会让你精力充沛。如果某天早上醒来，你感觉非常糟糕且不想去上班，那么这是再正常不过的现象了。但是，如果这种感觉开始频繁出现，那么你应该想想是否出了什么问题。有人曾跟我抱怨自己被束缚在厌恶的工作岗位上长达 20 年之久。我只能说："这太可怕了，你浪费了多少宝贵的时间啊！"我恳求他（如果你也有同样的处境，我同样恳求你）立即换工作，或者去进修。除此之外，我还建议他多阅读一些专业书籍，或者咨询职业规划师。我相信，与大多数人一样，在工作中你也会有感兴趣的事和不情愿做的事。希望下面这些能让人充满"渴望与活力"感觉的方法能够对你有所帮助。

"头脑早餐"

这是一个比喻的说法，意思是你要先将工作中最不感兴趣的事剔除出去，然后再集中所有精力做剩下的工作。这个方法可以帮助你成为团队中最有价值的成员，或者在工作中取得不错的成绩，从而使你能够迎接事业的新高峰。

做一个受欢迎的人

科学研究表明：当两个人"互相吸引"时，他们脑部的电流活动发生在相同的区域，并且释放大量多巴胺等神经递质，从而使人产生快乐的感觉。有人将这一过程形象地称为人类的"无线网络连接"，意思是用快乐传递快乐，用积极影响积极。

你可以做一个神奇的小实验：在早上醒来时，请你想好一个词形容今天的自己，这个词可以是"兴致盎然的""友好的""积极向上的""乐于助人的"或者其他褒义词，在接下来的一天中，请根据这个词规范自己的言谈举止并观察周围的人的态度，很快你就会发现，自己的行为会通过他人的行为反映出来。而当他人以同样的态度对待你时，你会感觉很开心，并且与你交往的人也会有同样的好心情。一个人际交往的良性循环就这样形成了。

转瞬之间，一切就这样消失了

2008—2009 年，英国零售业巨头伍尔沃斯（Woolworths）关闭了英国境内 500 多家连锁店。随着那个家喻户晓的商标消失于英国的各大主要街道，数千名员工也丢掉了赖以生存的工作。然而，曾担任多尔切斯特（Dorchester）分区经理的克莱尔·罗伯森（Claire Robertson）却不愿让原本生意兴隆的商店就此关门。在伍尔沃斯关门一个月后，她将商店冠以新名"威尔沃斯"

（Wellworths）［后来又更名为"威尔切斯特"（Wellchester）］并重新开张。克莱尔重新开张商店的举动被英国各大媒体竞相报道，英国广播公司甚至在黄金时段播出的纪录片中对其"凤凰涅槃"的过程进行了全面而深入的介绍。

在威尔沃斯商店克服重重困难再创辉煌的过程中，有这样一个催人泪下的小片段：当一名员工重返工作岗位时，她不禁热泪盈眶，感慨这份工作对她而言有多么重要。有句老话是这样说的："只有失去了才知道珍惜。"在商店关门之前，不知道这名员工是否了解这份工作对自己究竟意味着什么。

企业理论家伊查克·爱迪斯（Ichak Adizes）曾这样说："我们往往在生命中最美好的事物消失后才知道珍惜它们。不生病，你便不知道健康的重要性；不忍受孤独，你便不知道爱的价值。"

尝试

当你全身心投入到工作中时，创造力、乐趣和尝试的快感也就应运而生，并给你带来愉悦的心情。著名奥运会游泳冠军伊恩·索普（Ian Thorpe）曾在 12 岁时发现自己进入了游泳的瓶颈阶段，想要提高游泳速度很难。为了改变这种现状，索普尝试游泳时不再用腿踢水，而只靠将双臂伸展得更远并尽力打水带动自己前进。虽然所有游泳运动员都认为腿部踢水动作非常重要（事实上也是如此），但是索普改变动作之后游得仍然和以前一样好。于是，索普将这种双臂伸展打水的动作与腿部踢水的动作相结

合，让人惊喜的是，他游泳的速度得到了显著提高。索普所做的就是在游泳的过程中进行新的尝试，而勇于尝试的信念则来源于好奇心的驱使。那么好奇心又从何而来呢？答案其实正是那些让人感兴趣、愿意为之投入精力，并且可以感受到强烈认同感和亲近感的事。

在生活中，你也许会面对这样的问题：怎样用更低的成本、更简单的方式更快、更好地完成一件事呢？我的答案是，以积极乐观的心态对待各种机遇和可能性。如果在一天的工作中你都无法做到这一点，那么就证明你并没有感受到应有的渴望与活力。

时间何时溜走了

你是否了解充满渴望与活力的感觉？不妨让我们做一个假设：你正全力以赴地为某件事而努力，当你抬头看表时，惊讶地发现时间远比你想象中过得快，这也就是所谓"时光飞逝"的感觉。再假设一种情况：你正全神贯注地看书或翻阅杂志，你会发现时间过得飞快，你曾经是否还因此坐过了站？其实，正是这种"时光飞逝"的体验让你意识到全身心投入的感觉对自己有多么重要。

极简自律笔记：感受渴望与活力

☺"自我意识"可以帮助你区分什么时候自己可以全身心投入到

某件事中，什么时候又陷入了无精打采的状态中。

☺ 当你发现自己对要做的事提不起兴趣时，不妨尝试一些大胆的改变吧！否则你就只能痛苦度日了。

☺ 当你因某件事而不停忙碌时，不妨停下来问一问自己："我所做的一切是否忠于自己的内心？我会变成什么样的人？是否丢失了'真我'？"

☺ 当你认为自己正在做的事没有什么价值时，不妨想象一下如果它立刻消失，你会有何反应？

☺ 好奇心能够真切地反映出你的兴趣所在。

☺ 当你全身心投入到某件事中时，时间会过得很快。

可以成事与愿意成事

如果你认为"做自己看重的事"与"感受渴望与活力"如出一辙，那么说明这一节的内容很可能已经在你的心里生根发芽了。在这个思维和行动方式中，你的成功将依赖于以下两个因素的结合：

1. 你的学识和技能——"可以成事"；
2. 在实际工作中，你运用自己的学识和技能的愿望——"愿意成事"。

上述两个因素可以用下面的模型来解释：

极简自律法：
越自律越幸运

既不想做，也不会做

你应该见过这样一类人——他们一辈子好像都处于"身在曹营心在汉"的状态。有些人可能只对工作抱有这种心不在焉的态度，而对待生活的态度却积极向上。有时候，你也许会掉进那个"既不想做，也不会做"的象限；而有时候，你的状态又恰恰相反。

想做，但不会做

如果你正处于这种状态，那么你会发现"想做"的心理状态可以给自己带来无穷的动力和干劲。在下一章中，我将会详细讨论"学习"（学识和技能）这个关键因素。下面几个问题旨在帮助你分析自身需求的具体情况。

- **我应该成为怎样的人？** 这个问题可以基于各种不同的参考标准来回答。

- **我的知识缺口是什么？** 你所需的知识和你实际拥有的知识之间的差距即是知识缺口。

- **这个缺口表现在哪些方面？** 请参照自身的真实感受、他人对你的评价与反馈和直觉来回答。

- **为什么会出现这样的缺口？** 原因之一也许是缺乏动力（参见下面的"会做，但不想做"一节的内容）。同时你也要知道，没有人可以做到无所不知。自律的人都有这点自知之明，并能以积极向上的心态面对自己的知识缺口。可惜的是，那些缺乏自信的人总是把自己的不足当作先天的缺陷或永久性的能力短板。这是一种完全错误的思维模式，在下一章我会对此进行更为详细的介绍。

- **解决方法是什么？** 你知道自己想要什么，并且相信自己有动力和决心弥补知识缺口，从而最终实现心中的梦想。

会做，但不想做

用一句话概括，这种情况应该归咎于缺乏积极性。或许你可以从以下几个原因中找到答案。

1. 也许你对需要做的事情无法产生认同感与亲近感，那么你需要做出一些改变了。

2. 也许因为有更重要的事情等着你去处理，所以你无法投入到当前的工作中。

3. 如果你仅仅是对工作本身提不起兴趣，那么原因可能是你只把工作当作维持生计的一种手段，而没有当作终身事业，更没有投入真心。

4. 也许是糟糕的人际关系造成的（参见第6章的部分内容）。

5. 也许是因为你的压力太大了。每个人所能承受的压力都是有限的，与施压者进行一次谈话是一个不错的解决方法。另外，找到释放压力的方法和途径并重新构筑内心的平衡也至关重要。我将在第4章中进一步讨论这个问题。

既想做，也会做

如果把"会做"的能力与"想做"的动力相结合，那么这将会激发出巨大的能量。那些自律的人往往能够将这两个因素合二为一，同时这也成了他们的一大共同特点。虽然有些人确实可以心无旁骛地沉浸在所做的事情中，但是"想做"的动力并不能持续很长时间，可能在某一时刻我们就会感到厌烦甚至想要放弃。因此我一直坚信，具备了"认同感"和渴望与活力还不够，我们距离"想做"还很远。

什么才是最好的

20 岁时，我带着初生牛犊不怕虎的"满满的自信"获得了人生的第一块金牌。时至今日，我依然能够感受到这种"满满的自信"带来的好处。在生活中，我们无时无刻不被大大小小的问题困扰，但如果能保持积极乐观的心态，那么我们坚信：世界上并不存在无解的难题。对我而言，我还有许多缺点和亟待改进的地方，但是我并不在意，也没有因此倍感有压力。也许这就是胜利的感觉带给我的自信吧！

——格雷格

如果非要给出一个答案，那么我会说"想做"（动力）是最重要的。只要有动力和决心，即使缺乏一些知识，你也可以马上弥补并取得长足的进步。在上面那段话中，格雷格充分肯定了"满满的自信"的作用——帮助年仅 20 岁的他一举成为奥运会金牌得主。但是请不要以为有了"想做"的动力就可以在接下来的人生中乘风破浪、一路远航。要知道迎面打来的巨浪并不总是那么友好，如果没有真才实学，忽视"会做"（能力）的重要性，那么你很可能会遭遇翻船甚至被巨浪吞噬。总而言之，你应该首先发挥主观能动性，毕竟好结果是需要自我推动来实现的，然后全面客观地看待自己的真实能力，并有针对性地进行提高与完善。

极简自律法：
越自律越幸运

我相信所有人都希望在生活中时刻保持"既想做，也会做"的状态。保持这种状态不仅会带来必不可少的活力与积极性，还会为你消除日常生活中的烦心事。如果你感受不到"动力"与"能力"相结合的感觉，那么快乐的生活和舒畅的心情就无从谈起。当然，从另一个角度看，你无法也无须一直保持这种动力十足、能力超群的完美状态。生活中总有一些你不愿做但又无法躲避的事情。如果凡事都追求完美，那么你将会背负巨大的压力，甚至给自己造成无法挽回的伤害。

极简自律笔记：可以成事与愿意成事

☺ 动力能够为你提供前进的力量，它应该成为你毕生的追求目标之一。

☺ 缺乏某一方面的学识或技能不会对你的竞争力造成很大的影响。请坚信，在你的身上有未被发掘的无限潜能，而这才是竞争力的关键所在。

☺ 坦然承认自己在学识方面的不足，并尽力去补充那些能够提升你影响力的知识。

☺ 即使你暂时缺少某一方面的学识或技能，不竭的动力也可以帮助你取得进步。

☺ 当你对正在做的事情产生认同感和亲近感时，你就会受到鼓舞和激励。

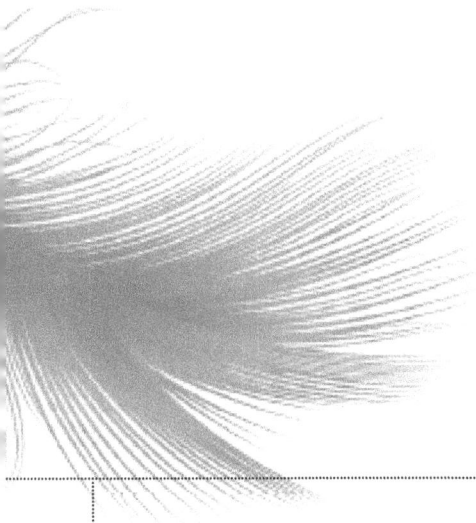

Chapter3

第**3**章
学习的态度决定自律的程度

如果没有失败，那么成功也就无从谈起。

极简自律法：
越自律越幸运

当今社会，倡导学习的口号随处可见。你的老板也许会在公司设立"学习资源中心"，并且大谈特谈他所希望建立的"学习型企业文化"。政府部门和各大企业都会参与这波热潮，希望向人们宣传"终身学习"的理念。

我认为，学习应该贯穿我们生活的每一天，或者尽可能如此。

你的学习程度完全取决于你的生活态度。良好的开端应是保持一种谦逊的态度，承认自己不可能做到无所不知；同时，愿意评价并分析自身存在的缺点与不足，然后以积极、自信的心态面对一切。面对那些让你大吃一惊的反馈意见，以及那些来自于带给你启迪与灵感的人的评价时，如何选择适当的方式予以回应，将是你接下来学习过程中重要的一部分。

学习的开端在于你如何看待人生中的点滴经历，就如同本书开篇所提及的"自我对话"。本章包含了很多这种对话的案例，就是想要告诉大家，如何通过与自己对话把对未来的焦虑巧妙地转化为对未来的期冀。除此之外，本章还侧重讲解了如何调整自己的思维方式和自我对话的方式。虽然只是一些细微的调整，但是却可以改变你的学习状态。请认真阅读本章的内容，因为这是本书最为关键的一部分。

失败是好事

我曾经历过一些失败。在 1994 年的世界赛艇锦标赛中，我只获得了第三名。但是，这次失败让我明白了自己不可能永远独占冠军宝座，我必须学会以平常心接受失败。几年后，我已经能够更加坦然地面对悉尼奥运会上的那次失利（只获得第四名），对我而言，这绝不是毁灭性的灾难，而只是一种别样的生活体验。为了证明自己仍然是一个优秀的赛艇运动员，我继续坚持训练了一段时间。与此同时，我也意识到虽然自己擅长赛艇运动，但是在其他领域我也可以做得很好。因此我加入了一个帆船队，并在一年之后参加了美洲杯比赛。

——格雷格

在《别高估天赋》（*Talent is Overrated*）一书中，作者杰奥夫·科尔文（Geoff Colvin）谈到了奥运会冰上舞蹈项目冠军荒川静香（Shizuka Arakawa）的经历。荒川静香曾为了完成一个规范动作而经历了两万次失败。她总是能以平常心面对失败，消化每一次失败带来的痛苦，并能忍受无数次单调乏味的重复动作。在第 4 章中，你将会了解练习的重要性。

你也许对荒川静香的执着感到无比惊讶和钦佩，其实你也曾这样坚持不懈过。回忆一下你在孩童时期是如何学习走路或骑单车的，当面对自己十分看重的事情时，你是如何百折不挠、坚持不懈的。学走路、学识字、学骑单车、学开车都要求你在实践的

过程中保持一颗乐于探索的心，只有这样你才能具备成功的心态与意志。下面列举的两个关键原因说明了你为何会获得成功：

1. 你渴望成功的心战胜了你对自己能力的不自信以及其他所有负面情绪的困扰（当然，你也许从未怀疑过自己的能力）；

2. 对挫折和失败的感悟让你总结出了将失败转化为成功的关键因素。

也许在培养以成功为导向的过程中，最大的阻力来自于你对自身的看法，也就是你笃信遗传基因决定着成功或失败。如果你执意如此，那么我只能表示理解，因为这是进行自我安慰的最佳说辞。如果你一味依靠遗传基因或与生俱来的天赋，而不依靠自己的拼搏和努力，那么基因和天赋必将反过来限制你的发展空间。

如果你希望自己在任何方面都表现出色，那就注定你会遭遇很多挫折与失败。有时候成功会先行到来，而失败则紧随其后。有时候顺序又会反过来。如何正确对待这些变化并做出适当回应，完全取决于你对成功和失败的诠释与感悟。这种诠释正是你与自己的对话，而这种对话的风格也可被称为"诠释风格"。

诠释挫折与失败

在人生的旅途中，我们会在很多事情上取得成功（尽管并不总是这样）。如果将自己的成功完全看作"我只是运气好罢了"

或者"每个人都能成功",那么你就忽视了获得成功的内在因素。例如,"我为这件事付出了很大的努力"或者"我的努力值得获得这样的成功"。

试想,如果你因马上要做公开演讲而感到紧张,那么聪明的你一定会向同事、上司或朋友寻求帮助。当你成功地完成演讲之后,不同的诠释方式则会归纳出截然不同的原因。对于成功,消极的看法是"我之所以能获得成功,完全是因为他人的帮助",这种观点显然完全忽视了你的自身价值与付出;而积极的看法是"我成功的原因在于我得到了他人的帮助,同时对他人提出的建议虚心接受并加以完善",如果这样想,那么证明你认同以下两种做法:

1. 当我需要帮助时,向他人求教是明智的选择;
2. 虚心听取他人的建议十分重要(即使我并不一定真正采纳这些建议)。

读到这里时,我猜你一定会频频点头表示赞同,因为这一切听上去都十分符合逻辑。但是,由于"诠释风格"对于做到自律实在意义非凡,我建议你读到这里时能够暂时停下来,回想过去自己获得的成功和遭遇的失败,同时回忆自己在面对挫折时有着怎样的心态和思维活动。

1. 你怎样看待曾经遭遇的挫折?

2. 你怎样看待曾经获得的成功？

让我们继续研究公开演讲这个例子。如果演讲不太顺利，那么习惯于消极诠释风格的人将作何反应呢？我们都知道，进行公开演讲时，任何突发状况都可能发生，如演讲节奏没有把控好、投影仪出现故障、被问到"无法回答"的刁钻问题，或者仅仅是因为紧张而说话语无伦次、磕磕巴巴。在下面的例子中，你将看到一个具有消极诠释风格的人是如何对这些情况做出反应的：

- "我知道自己很不擅长做公开演讲，这让我感到十分绝望。一个人除非天生口齿伶俐、能言善辩，否则不要奢望能有出色的口才。可怜我就是后者。演讲前我紧张得要命，虽然这对其他人而言无足轻重，但是却让我受尽煎熬。此外，我也没想到会有人问那样刁钻的问题，我完全不知道该如何回答。而当那该死的投影仪出问题时，我真恨不得找个地洞钻进去。我再也不想有这样可怕的经历了。"

如果你这样想，那么下次演讲时同样的情景很可能会再次上演。以上想法（"这让我感到十分绝望""一个人除非天生口齿伶俐、能言善辩，否则不要奢望能有出色的口才"）颇有宿命论者的风格，他没有关注自己必须调整心态（"演讲前我紧张得要命，虽然这对其他人而言无足轻重，但是却让我受尽煎熬"），并且不愿给自己再次尝试的机会（"我再也不想有这样可怕的经历了"）。

下面让我们再次回顾这个情形，看看那些具有积极诠释风格的人会做出怎样的回应。

- **演讲的节奏乱了**。"我不是第一个也肯定不会是最后一个遇到这种情况的人。关键是我不要慌张，并且提前做好准备，如对听众说一句'不好意思，我刚刚落下了一些要点，请给我几秒钟的时间梳理一下'就足以化解这个问题。曾经有人告诉我，短时间的沉默对听众而言也许正是恰到好处的停顿，可以让他们消化刚刚听到的内容。如果演讲者能坦然接受片刻的停顿和沉默，那么听众自然很乐意喘口气休息一下。如果在演讲过程中节奏被打乱了，则说明演讲者准备得不充分，在下次演讲前如果我能够花更多的时间准备、排练，那么我的思路就会更加清晰。总而言之，我需要在准备的过程中多花一些时间和精力。"

- **投影仪出故障了**。"这种情况十分常见，我不必责怪自己。但我是否能做些什么来降低这种问题发生的可能性呢？当然能！那就是在演讲前再三检查设备状况、事先准备应急备份、询问现场是否有这方面的专家来帮忙解决问题，等等。最重要的是——千万不要表现得惊慌失措。如果真的遇到这种突发状况，那么我应该怎么做呢？可

以让大家中途休息一下；在修理机器前，向大家提出一个问题进行小组讨论；或者索性抛开那些幻灯片，继续演讲。"

■ **遇到有人提出刁钻的问题。**"这实在是一个难以回答的问题。我一时无法给出答案，因此感到有些慌乱。我要吸取这次教训，在下次演讲前进行更充分的准备。除此之外，还有什么别的选择呢？问问在座的听众是否有好的答案（'在座的各位是否有过类似的经历'）如果没有人回答，那么正好说明这个问题确实不好回答；或者直接承认我不知道（'这是一个很好的问题，但我需要时间好好想一下如何回答，我会尽快告诉您答案'）这种回应会让提问者感觉很好；如果这个问题真的很有价值，那么可以把所有听众分成若干小组进行讨论（'这个问题非常重要，所以我认为在座的各位都值得花一点时间来思考一下'）。"

■ **紧张。**"感到紧张其实没有什么大不了的，很多人都会在演讲时感到紧张。那么我在演讲前可以做些什么来消除紧张情绪呢？如果能够事先多排练几次，那么我会在正式演讲时表现得更加自信；或者可以尝试做几次深呼吸让自己放松下来；又或者可以故意提高嗓音说开场白，从而掩盖自己的紧张情绪。除此之外，稍微放慢语速也可以很好地控制演讲节奏；或者稍作停顿（'还记得刚刚

提到的 ×××吗'）。对演讲者来说，几秒钟的停顿也许像是过了几个世纪，但是对听众来说，这仅仅只是几秒钟甚至无法察觉的停顿而已。"

直面挫折

对待挫折的另一种方式就是以积极坦然的方式接受它。在某些情况下，以下两种回应方式可以帮助你有效面对挫折。

他人出色并不代表我技不如人

在格雷格和他的团队获得 2011 年世界赛艇锦标赛银牌之后，我曾与他简单聊过几句，他对比赛结果给出的评价是："这次比赛的结果表明，之前做出的调整和改进卓有成效，我们将在下一次比赛中继续采用这样的调整策略。"同时他也对获得冠军的德国选手大加赞赏。屈居第二并不意味着格雷格和他的团队不够出色，只是因为冠军更加优秀。你应该认可他人获得的成功，并把他人当作激励自己不断进步的动力。请记住，他人出色并不意味着你不能和他一样出色。

我已经做得很好了

在面对巨大的挫折时，第二种可供我们选择的回应方式是从米歇尔那里得来的。当米歇尔回想自己创办的 IT 循环公司倒闭的那一幕时，她说：

极简自律法：
越自律越幸运

"我曾经营了一家 IT 循环公司，专门为那些没有足够经济能力的人提供电脑，同时还为身体残疾或有缺陷的人提供就业机会。假如没有我们的帮助，这些人很可能永远都找不到合适的工作。在这 10 年的时间里，我们一直做得不错，我也很热爱这份工作。但在接下来的三周里发生了两件让我们始料不及的倒霉事。第一件事是我们被骗走了很大一笔钱，第二件事是由于另一家公司的持续扩张，我们不得不退出原来所在的经营领域。几乎一夜之间，我们就不得不关门大吉。我几乎是泣不成声地通知同事们这个惨痛的消息，我觉得自己太让他们失望了。但之后冷静下来再回顾过去时，我学会了以另一种眼光看待自己所做的一切。我曾经的努力让一个原本难以维系的公司正常运转了长达 10 年之久，虽然在行业内有其他竞争者，但我们却是 IT 回收循环领域当之无愧的开拓者；同时，我们还为很多原本不可能找到工作的人提供了就业机会。当选择从这个视角看问题之后，我发现自己可以坦然接受眼前所发生的一切了。回顾往昔，我为自己所做的一切感到骄傲和自豪。"

这个例子极好地说明了积极向上的思维方式能够带来无穷的正能量。米歇尔不仅选择了以积极的心态面对困境，她还明白了一个重要的道理——倘若任由消极态度摧毁自己的自信心与信念，那么她的事业真的会就此结束。

在同样的问题上，亚当以更为简洁的话语道出了自己的观点：

"任何一件事都很难被视为完全失败。虽然这听上去像是老生常谈，但是的确有道理。在我从事的领域，任何项目开始之前，我都无法肯定结果是成功还是失败。通常情况下，我只能不断努力，然后静候结果。如果你从未出错过，并且一帆风顺，那么只能说明你并没有挑战自己的极限，更没有做到极致；同时，还有一点很重要——你必须从那些困难和失败中吸取经验和教训。一位智者曾说过：'真正愚蠢的错误是你没有从错误中有所收获。'我也曾有过伤心落泪、痛苦不堪的往事，但是我唯一能做的就是让它们都过去。每个人都需要一段时间学会释然和忘记——你也许会不时想起那场噩梦，但请不要沉浸在这种负面情绪中无法自拔。如果面对新挑战是你所投身的事业中必不可少的一部分，那么你就要学会承受可能随之而来的失望与挫折。"

极简自律笔记：失败是好事

☺ 挫折与失败是生命中自然而平常的一部分，不要把它们当作你自信心受挫的理由。

☺ 如何诠释成功、挫折与失败决定着你会以何种方式做出回应。

☺ 有时候，事情的发展会超出你的控制，但不要因此否定自己的能力。

☺ 如果你获得了成功，那么一定要肯定自己的付出和努力。

☺ 如果你遭遇了失败，那么一定要总结经验、汲取教训，为下一
次的成功而努力。

了解你的能力

下面这个经典的测试是由教育专家和作家马克·布朗（Mark Brown）提出创意理念，由我设计而成的。你只需跟着简单的说明开始答题即可。

你的能力

1. 请写下至少五种你有能力完成的事情。你可以选择任何方面。在工作方面，你可以选择管理项目团队、做一次生动有趣的公开演讲、设计一份详细的电子分析表；在兴趣爱好方面，你可以选择钢琴演奏达到六级水平、5 分钟内跑完 1600 米、搭建火柴棍模型、在游泳池里一口气游 200 米；在家庭生活方面，你可以选择园艺设计、制作巧克力夹心软糖［看过 BBC 电视台《厨艺大师》（*Master Chef*）节目的人都知道，想要做好巧克力夹心软糖需要经过多次练习］、设计并建造自己的房子。你有无数种选择，并且无须被上述类别所限制。仔细想一想，在写下答案之前不要看下面的说明（以免思维受到干扰）。当你对答案感到满意时，请继续往下阅读吧！

2. 在"已被证实我有能力完成的事情"前面标注英文字母 P，

表示"我已经做过这件事了"。当你完成这一步时，请继续下面的步骤。

3. 在"还未被证实我有能力完成的事情"前面标注英文字母 U，表示"我还没有做过这件事"。

大多数人（根据我的经验，几乎是超过 80% 的人）所列的事项都是经过验证有能力完成的事。这一情况背后的深意在于你无法从另一个角度看待这个问题（如果你正好也是这 80% 中的一员）。我问的是你的能力，而你选择的却是自己的成就、兴趣，或者生活中、工作中日复一日的琐碎之事。

只有大概 10% 的人会把已经证实的和未被证实的能力都列出来。标有字母 U 的事情（未被证实的能力）也许是你刚刚接触的事，也许是你不知道能达到什么程度的某项兴趣爱好，也许是少年时期曾非常擅长的某项技能。换句话说，你过去或现在的参照点可以被当作未来发展的引路标。

我并非让你选择那些过去的成就，或者已经证实的能力，尽管你也许是这样理解这个问题的。我想要让你正确解读"能力"这个词，如果仅仅把它看作是个人的光辉历史，那么你也许就此为未来的发展设定了不可逾越的心理障碍。

随着年龄的增长，我们当中的许多人会将能力看作曾经做过的事，而不是我们可以做什么。能力清单里面所包含的那些让你信心倍增的成就固然重要，但这种思维定式也会严重限制你在未

来的人生道路上能力的发展与对机遇的追求。

所以，如果你是那 80% 中的一员，那么请你重新做一遍这项测试。这次你一定要考虑全面，想想自己已经做过的事、正在做的事和以后希望做的事，也就是从过去、现在和未来三个角度做出回答。我敢肯定，你脑海中会蹦出很多备选答案，让你不禁对自己的潜力感到兴奋。

如果你问一个 14 岁的少年"你能做些什么"，那么得到的答案很可能是一连串雄心壮志的目标或各种各样的愿望。虽然我没有机会问更小的孩子相同的问题，但是我猜想他们根本无法列出所谓的能力清单，因为这个问题已经远远超出了他们的理解范畴。当我们 20 多岁时，现实会让我们愈发理智，过去的雄心壮志和梦想逐渐沉寂下来甚至消失殆尽，这是完全可以理解的。实际上，即使你列出很多在未来希望尝试的事情，想要得偿所愿，也需要你将精力集中在其中的几件事上。

当再次回到这个测试上时，你会发现，能够一直坚持心中的梦想是多么重要。你可以问问自己："我还有哪些能力未被发掘？"答案也许是你正在做但希望做得更好的事，或者是你惦念许久但还未来得及开始做的事。你可以回想一下，少年时期曾让你热血沸腾的事，是否随着时间的流逝被搁置在心中不那么重要的位置？有句话是这样说的："只有想不到，没有做不到。"仔细琢磨一下，这句话确实有道理。

极简自律笔记：了解你的能力

☺ 想要充分了解自己的能力，你就不要仅仅局限在自己曾做过的

事情上。

☺ 以积极乐观的心态面对可以尝试的各种新事物。

☺ 相信自己可以把当下正在尝试的事情做得更好。

☺ 问问自己，过去自己无比热衷的事情是什么，也许你几乎忘记

了它的存在，但它同样可以唤醒你的激情——无论怎样，时不

时地回顾从前是一件非常美妙的事。

☺ 请牢记，人的潜能是无穷无尽的。

乐于接受反馈意见

你接受他人的反馈意见（尤其是那些批评与质疑声）的方式对做到自律至关重要。人们接受反馈信息的历史可以追溯到孩童时期，也就是各种行为习惯养成的最初阶段。那时的你接受来自父母、亲人、保姆或其他人的各种反馈信息，而在学校接受教育的过程中，你更能接触到不同的意见与建议。开始工作后，如果你所处的工作环境较为传统，那么从工作的第一天到退休的那一天，无论是参加评估面试，还是与同事或经理在一起的某些场合，你都会不断地接受来自各方的反馈信息。如果你参加某项运动或其他感兴趣的活动，那么情况也将毫无二致。

在性格与品德形成的初期，人们受反馈信息影响的情况不尽

相同。有些人将他人的意见或建议当作打击自信心的工具（尤其是在激素分泌最为旺盛的少年时期，那时的反叛心理可谓相当严重），最终造成的影响将会长期严重损害心理健康。

如果你将他人的批评解读为"我不够好"，那么当听到这样的批评时，你就会带着强烈的个人情绪并予以回击。而当他人所点评的事物恰巧正是你以为只有天知、地知、自己知的秘密，或者自己完全没有放在心上的小事时，这种情绪化的反应则会尤为严重。

很多人的自信心远低于他们的真实能力，而我们只能猜测他们曾经有过怎样的经历，为何形成这种妄自菲薄的自我认知。如果你正是这类人中的一员，那么反馈意见也会以同样消极的方式继续影响你未来的人生。

然而，批评与指责也可以成为一位极具影响力的良师益友，使你能够更加积极地看待自己，而并非不断地消磨你仅存的那点自信心。出色的行动者往往会从他人的反馈意见中发现自己前进的方向，并以此为跳板开始新的飞跃。

本书中的六位受访者都曾遇到这样一个问题：几乎在所有巧合事件中，某些批评意见会令他们退却，甚至让他们被迫放弃正在坚持的事业。关于这个问题，我将在后面通过默的例子进行阐释。在阅读下面这段关于乔纳森的经历时，你可以设想一下，如果你遇到同样的状况，会有何反应？

"六个月前的那段时间对我来说至关重要。某律师事务所为拓展跨国企业方面的业务，聘请我担任人力资源部门的经理，对我而言，这是一个全新的挑战。前任经理非常出色，并且与公司律师们的关系都不错，因此我认为自己有了一个良好的开端和榜样。但之后我从公司其他同事那里得到的反馈意见却是'他已经尽力了，但表现平平'，仅此而已。在我的职业生涯中，这无疑是一段暗无天日的低谷时期，我不禁一次次地责备自己：'你实在太狂妄自大了，竟然如此高估自己的表现。'

无论在什么工作岗位上，我一直认为应该随时问自己下面两个问题：'别人希望从我这里得到什么？我应该做些什么？'尽管我因不尽如人意的反馈意见而动摇自信心，但我仍然决定向那些律师们征求建议。当我问他们时，得到的答案却是'我们并不是那个意思。我们这样说只是不想让你骄傲自满，希望你能一直进步'。

这件事让我学会了如何在以后的工作中做出反馈，或者如何避免做出某些反馈；同时，它还教导我更加积极地参悟各种反馈意见的言下之意。那段低谷时期所带来的影响将伴随我很长时间，但我相信这绝非是让人痛苦的负面影响！"

影响自身进步的一个关键因素是，你是否乐于接受他人的反馈意见与评价。这确实有些困难，甚至棘手。你随时都会收到反馈意见，但请回想一下，你是否经常把这些中肯的反馈意见错当

极简自律法：
越自律越幸运

成过分针对自己的（如"你的内心还不够强大"）、不合时宜的（如"夹杂在批评和指责中间"）、模糊不清的（如"你不适合做公开演讲，难道不是吗"），以及单方面的偏见呢？也就是说，你几乎没有机会参与到这场对话中，而反馈意见却被强行扣在了你的头上。

然而，任何事物都具有两面性，糟糕的一面背后必然会有积极的一面。你可以通过自己的努力，把这些反馈意见转化为能够帮助自己进步的工具。虽然你不能选择反馈意见何时、以怎样的方式出现，但是可以决定自己以怎样的方式予以回应。首先就是调整自己接受反馈意见时的观念与心态。下面介绍的几种接受反馈意见的思维模式会妨碍你以积极的方式做出正确的回应。

- **得到不好的评价全是我的错**。如果你听到反馈意见后，感觉很不好，那么这或许表明反馈意见本身就有问题。一个善于提出反馈意见的人会将原本痛苦的对话转化为一次积极轻松的体验，因为他们知道，肯定那些积极的方面对他人而言更加重要。

- **反馈意见总能说明真相**。在很多情况下，这只是一种个人（或团队）的观点。当然这种观点也许是正确的，但最终是否认可并接纳，完全取决于你的判断。

- **反馈意见都意味着批评与指责**。在某些情况下确实如此。但是反馈的声音同样也可以是赞扬与褒奖。面对批评与指责，如果你能敞开心扉接纳它，而不是拒之于千里之外，那么这会是一个取得进步的好机会，而不是让自信心再次受挫的痛苦煎熬。

- **反馈意见意味着永远存在不足与缺陷。**它所能代表的含义仅仅是，你原本可以用更好的方式做一件事，或者只是没有将知识和技能运用得恰到好处。

无论反馈意见是否符合实际情况，无论你的第一感觉是否愿意认可并接纳它，我想再次向大家强调一点：请以积极正面的方式接受所有反馈意见，并在仔细思考之后再做出反应与判断。因为，你对待反馈的第一反应（情绪化反应）与三思之后的反应（理性反应）也许会截然不同。而我下面介绍的方法则能够让你主动参与到关于反馈意见的对话当中，而不只是被动地当反馈意见的接受者。

有反馈就有机会

得到了反馈的声音也就得到了机会的垂青，关键在于你用何种态度对待反馈意见。希望下面的建议能够对你有所帮助。

- **请举一个具体的例子吧。**通常情况下，反馈意见都是概括而笼统的。例如，"有时候在会议中你容易被别人牵着鼻子走"这样的评价就对你没有多大用处（尤其是当你自己并没有意识到这个问题时），除非这个评价有具体的

极简自律法：
越自律越幸运

例子作支撑。泛泛而谈毫无用处，因为你找不到能与之相联系的经历，在这种情况下你不妨问问反馈意见的提出者是否有具体的例子。你可以说"你能指出我什么时候这样做了吗"或"我当时是怎样做的呢"。

- **考虑后续影响。** 一个出色的导师或经理会说"当你做了这件事后，就会导致那件事发生"。然而，在接受反馈意见时，也许需要你来督促反馈意见的提出者告诉你一件事的后续影响，或者需要你自行思考结果。毕竟，只有说明"前因后果"的反馈意见才具有实际的指导价值。

- **感谢反馈意见的提出者。** 不要妄想与反馈意见的提出者争论不休，否则他们将不愿意再给你提出任何意见或建议。你不妨对他们说："谢谢你告诉我这一点，说实话我从未这样想过。看来我需要时间好好想想接下来该怎么做。"这样的回答会给反馈意见的提出者留下好印象，让他们觉得你能以认真谨慎的态度对待反馈意见。

- **构思出行动纲领，但不要急于做出决定。** 在工作中，我们常常会感到急于求成的压力，千万不要有这种压力，我们需要时间去考虑他人提出的意见，并且给自己足够的时间来调节情绪。从下面关于默的例子中我们可以看出，太多的情绪干扰会严重阻碍一个人做出明智的判断。默能在这种情况下及时将自己拉回到理智的世界中，从而避免做出错误的决定。希望你可以从这个例子中吸取经验，同时想想应该如何计划自己的行动。请记住：虽然是否采取实际行动完全取决于你的态度，但是请在做出判断前先确定自己是否考虑周全。你不妨问问自己"我意识到这一点了吗"或者"有没有人提出过类似的意见呢"又或者"他们说的有道理吗"。

"很久以前，我与菲尔·西尔伯恩（Phil Hillborne）因吉他而结缘。在我的眼中，他是一个聪明绝顶的吉他演奏家。有关吉他演奏方面的话题，我们可以不知疲倦地在电话中畅谈好几个小时；同时，我们还会交换自己的演奏录音带供对方点评，并且能够随时充当对方的演奏搭档。菲尔曾在某个贸易展览上示范吉他演奏，而我正是众多吉他手中的一员。演奏之后，他对我说：'默，你确实是一个不错的吉他手，但你对颤音部分的处理有些……'我想他的点评是对的。

颤音技巧可以说是吉他手个人演奏特点的标志，好的颤音技术能为演奏增色不少，让演奏者的风格独树一帜。其实，在发现弹奏颤音方面的问题后，我完全可以选择忽视或放弃吉他演奏，但我并没有这样做，我选择了在接下来的几年中刻苦练习。通过日复一日的练习，观看彼得·格林（Peter Green）等吉他名家的演奏录像，以及仔细聆听歌唱家［尤其是艾瑞莎·弗兰克林（Aretha Franklin）］是如何控制颤音的，我渐渐能够正确运用手腕与手指的力量控制颤音的力度，从而恰当地表现乐曲细节、准确地传达乐曲情感。几年后，当我在商店里试弹一把吉他时，有一位老人正在店里闲逛。当我将吉他递回给店员并准备出门的时候，那位老人赶上来拍了一下我的肩膀，说道：'年轻人，你的颤音技术真不错。'这样的一句肯定的话语让我之前所有的付出都变得值得。"

接受夸奖

从我的经历来看，那些难以接受他人批评的人往往会更加羞于面对表扬与赞赏。有些人在被夸奖时甚至会觉得十分尴尬。其实，夸奖也是一种反馈形式，但之前提到的有关批评类反馈的规则却并不适用于夸奖。例如，受到表扬时，你很难请对方给出具体的例子予以解释。如果你认为得到的赞扬出于他人的真心，而不是别有用心的伪装（例如，许多经理都会把夸奖当作辞退某人的开场白，因为他们觉得应该这样做），那么这样的赞扬将真实地反映出你的成功之处。辛勤的汗水、无数次的练习、让你乐在其中的工作都有可能成为你表现出色的原因，而这样的分析更会为你打开一扇审视自我的窗户。请不要忘记一点：喜爱与兴趣会帮助你获得更大的进步。

下面是有关乔纳森的例子。初入职场时，乔纳森曾担任私人助理的职务。当获得赞许时，他是如何做的呢？

"我曾担任公司业务部门主管的私人助理，由于个人魅力，这位主管深受身边同事的喜爱。但坦白讲，他在工作中毫无计划且效率极低，简直可以说是一团乱。因此，私人助理这个角色让我倍感压力。我本以为其他同事会把主管的低效完全归咎于我。但出乎我意料的是，虽然在工作中那些同事时常习难我，但他们对我的评价却是'不管那位主管多么拖沓无计划，他的私人助理乔纳森却能胜任这份工作，做得和其他人一样好'。这样的赞许让我初次体会到了所谓'大人物'的作用——他们往往决定着事情的走向，因此我应该了解他们并习惯与他们打交道。这件事还告诉我，他人其实能够理解你所处的工作环境，并因此对你有一定的宽容度。同时，我意识到，个人魅力也许可以为一个人赢得一份工作，但若想留住这份工作，他必须具备较高的工作效率（显然，那位主管并没有做到这一点）。在现在的工作中，无论我遇到多么困难棘手的事情，都会回想起这段经历，并告诉自己现在的生活再也不会比从前更让自己头痛了。我相信自己无论经受多大的压力，都能掌控自如。"

我想强调一点：请将夸奖具体化。人们都乐于得到他人的表扬，因为这能让人心情愉快。但如果这种表扬能够更加具体，并且让人清楚地了解是自己曾经的努力造就了今日的成功，那么这样的表扬将更有价值。

极简自律法：
越自律越幸运

实事求是地开展自我评价

他人的反馈意见与自我批评并不相互矛盾。正如上文所提及的内容，他人的反馈意见会催生出相应的自我批评。然而，你不能只是坐等别人的反馈。因为对错误的盲目执着会让你养成一些坏习惯。我并不是要你执着于对自己进行过度评价，或者从此对反馈意见感到麻木，而是要你定期地、实事求是地进行自我审视与评价。

极简自律笔记：接受反馈

☺ 积极参与到对于自己的反馈意见的对话中，而不仅仅是当一个被动的接受者。

☺ 无论得到的反馈意见听上去多么难以入耳，都要把它当作一次提升自我的好机会，而不要把它当作自信心受挫的借口。

☺ 将反馈意见与某段具体的经历相结合，并问问自己怎样才能在以后类似的情境中表现得更好。

☺ 批评与赞扬是反馈的两种形式。最好的反馈常常包含两个部分：一是你的优秀之处，二是可以继续改进的地方。

☺ 如果没有他人的反馈意见，那么你将永远止步不前。因此，请你敞开心扉接受反馈意见吧，即使它并不像你想象的那样动听。

效仿式学习

不会从佼佼者身上学习经验的人简直就是个大傻瓜。

——默

当我们 20 多岁时，每个人都仿佛置身在这样一种环境中：无论是在学业方面还是在体育运动方面，身边的人都比你表现出色。在学校运动会上，也许你能深刻体会到这一点，因为当所有优秀队员被一抢而空时，最后剩下的那个人总是你。或者在数学方面，你身边的那些"天才"总会提醒你：你并不是他们这个圈子里的一员。天啊！这种糟糕至极的情形实在让人感到羞辱。

在学校里，你无法自由选择自己所擅长的领域，因此在之后的人生中，你决定要找到能让自己发光发热的舞台。也许你会认定，永远不会有真正只属于自己的舞台，因为能力与你相当、甚至更胜一筹的竞争者大有人在。请你记住一点，如果想要展现出最好的自己，那么你应尽可能"忘记"上面那条思维定式。在生活中，人们常常会低估自己的能力，并产生下面这种错误的理解——"约翰很聪明，因此他数学很棒。我数学学得不好，因此我一点也不聪明。"

你需要明白以下两点：

1. "最好的"通常只有一个，但这个人只是一时"最好"罢了，这并不代表他是永远的赢家；

2. 就算别人是最好的，那又怎样呢？在激烈的竞争中，尽自己所能表现得出色才是最重要的（因为人的潜能是无限的，所以自己"拼尽全力"所带来的可能也是无穷的）。

你应该经常问自己："我能从最好的那些人身上学到什么呢？"这样的思考比一直困于之前提到的思维定式有价值得多。例如，你是否想提高自己打网球的技术呢？如果想，那么快去和那些比你强的人打球吧。一方面，在和高手对决时，你亟待提高的地方就会被无限放大，从而使你能够轻易察觉；而和不如自己的对手过招时，他们不能对你造成任何威胁，从而也就无法给予你任何指点。另一方面，在与更强的对手打球的过程中，你会得到更多的机会练习，从而提升自己的水平。同理，如果你想在小组会议中有更出色的发言，那么可以观察那些善于说话的人，把他们与众不同的地方记录下来，并且勤加练习。

总而言之，你可以选择观察他人的成功之处，并由此来解释自己认为的差距，或者你可以把他人的成功当作督促自己进步的动力。

这种效仿式学习模式有两种表现形式，并且结合了本书中经常出现的两个因素——头脑与内心。诉诸感性的内心，他人的成功可以激励你；诉诸理性的头脑，你便会知道只有坚持不懈的努力才会让你不断进步。这种激励与勤奋的结合能够为你的进步提供充足的动力。

享受激励——一切皆有可能

在我 12 岁那年，马丁·克洛斯（Martin Cross）来我们学校做演讲。他刚刚在 1984 年奥运会上摘得赛艇项目的桂冠，因此轰动一时。他的成功使我那原本遥不可及的梦想变为可能。那时的我对他心生敬佩，心想：他只是一个普通人，却尽自己的全力做出了如此不同凡响的事。对我而言，马丁并不是一个英雄史诗般的人物，而是一个看似普通却意义非凡的榜样。

——格雷格

先驱者为你展现了让一切变为可能的艺术。其中一类励志人物完成了从未被实现的梦想。而另一类人虽然并非开拓者，但是他们通过人格的魅力、幽默的风格或其他方法，尝试了另一种让你为之振奋的成功的方式。

格雷格在学校期间就找到了他的榜样，他清楚地知道，那些伟岸高大的励志人物对自己而言并不那么重要。实际上，很多人都在学生时代找到了自己心中的榜样。那些被你深深铭记于心的老师并不一定讲过什么让你特别难忘的话，也许只是烙在心中的某种情感，让你爱上了他所教授的课程（无论是历史、科学、体育还是音乐）。

这不只是在青葱岁月或校园生活中才会发生的事。海琳（Helene）是我的一位朋友，虽然她在 67 岁时才开始学习唱歌，但却进步神速，表现出色，甚至随伦敦爱乐合唱团进行全球演出。当我把这个故事告诉听众时，我能感受到他们是多么惊讶和难以置信，同时他们仿佛也受到了启发，认为自己瞬间充满斗志。我相信，你也会在生活中找到这样一个人：他完成了看似不可能完成的任务，并给予你莫大的鼓舞与激励。

想要记录下鼓舞的来源并不容易，因为这因人而异。但是，希望下面提到的内容能够引发你的一番思索。

1. 海琳并不仅仅是幸运而已，格雷格和马丁也一样。他们为了让自己成为所谓的幸运儿而付出了诸多努力。当你进一步研究那些看似受到老天眷顾和偏爱的人时，你会发现其实他们通过一些特别的方式开启了幸运的大门。例如，在生活中他们习惯积极向上、主动出击，而不是被动等待好运降临到自己头上。如果你能认同"是人们自己创造了好运"这个观点，那么你就向成功迈进了一步，并能够将他人的成功当作激励自己的动力。

2. 鼓励与动力往往来自于那些怀揣梦想并付诸实际行动的人。就像我在第 2 章中说的那样，你的价值观就像一个指南针，指引着你的内心走向道德的一方还是不道德的一方。而那些用亲身经历证实"一切皆有可能"的榜样人物也能起到同样的作用，你能够从他们身上获取无穷无尽的动力与信心。

3. 把榜样人物过度夸张、神化没有任何意义。有人曾说过：

"千万不要见到你心中的英雄，否则你会大失所望！"这
句话不无道理。你并不需要把榜样人物的整个人生当作自
己成功的引路标，而是要效仿他们如何成功践行自己梦想
的过程。每个人都有缺点和不足，因此你对榜样人物也不
要有过高的要求。无论他是普通人还是伟大的英雄，当你
为他取得的成就感到钦佩时，也要容忍他的一些缺点。

实用的学习工具

我曾参加过很多场演奏会，并有意观察和模仿那些吉他演奏
大师的表演。我发现即使有这样好的学习条件，许多与我年龄相
当的同行也想要放弃。他们会说："我永远不可能像大师们那样
出色，我想放弃了。"如果换作我，我会说："不，我希望自己有
一天能像他们那样成功。"我会继续坚持下去，勤奋练习。我会
将学习的目标锁定在那些最优秀的人身上，让他们的成功带领我
不断进步。

——默

效仿榜样人物的关键是，你要明确知道应该做什么、如何去
做。你可以参加正规的培训课程或请专业人士予以指导，也可以
完全靠对榜样人物的观察与分析自学成才。下面是我总结的几个
小建议，供你参考。

1. 只有认可并接受自己的缺点与不足时，你才会真正愿意向

他人学习。

- "我对此不甚了解，看来需要好好补课了。"
- "我不可能也永远无法做到无所不知。"
- "我承认自己做得不够好，坦白讲，我根本不知道应该怎么做。"

（在本节的最后，我会通过几个例子告诉你如何认可并接受自己的缺点与不足。）

2. 你需要向成功迈进一步。

- "还不错，我靠自己的努力已经有了很多收获，现在需要向他人学习取经了。"
- "整件事进行得都很顺利，下一步要做的就是去充电，学习新知识。"

3. 乐于接受他人的建议与评价。你无须纠结于一定要得到最好的建议，相反，你可以从有过相似经历的人身上得到一些感悟与启发。

4. 重视自己的感受。不要仅仅局限于效仿榜样人物所做的具体事情，更重要的是观察他们在遇到困难时表达情感的方式。

- "这次失败实在太让我受挫了。"
- "我费了很大劲才把这件事稍微处理得好些。"
- "一开始这件事确实有点不对劲。"

换句话说，你要知道在这个世界上并不只有你一个人在战斗。

5. 在一些情况下，那些榜样人物会"授之以渔"，而不仅仅"授之以鱼"。你要学习如何种下成功的种子，这样才会对他人的成功有更深刻的理解。

6. 无论是接受正规培训还是通过观察学习，你都要做到"温故而知新"。这种巩固式学习法非常重要。正规培训机构的培训师曾说过："如果下课后学生们不立即对所学的知识进行复习，那么几乎 80% 的学习内容会在七天内被全部遗忘。"

7. 如果你参加了正规的培训课程，那么你需要适应培训师的个人风格。有些人喜欢在激烈的课堂讨论中寻找灵感，而有些人则恰恰相反。无论怎样，你都要慢慢调整自己，学会适应。

8. 在培训课程中要主动表现、积极提问，并随时将自己的感受反馈给培训师。

- "我觉得这个有点难。"
- "请您再讲一遍刚才的内容。"
- "我正在努力理解这一点，实际上这对我而言还是有点困难。"

9. 在学习的过程中虚心求教。音乐家尼尔·杨（Neil Young）坦言，通过反复聆听和琢磨苏格兰民谣大师伯特·詹茨（Bert Jansch）的拨弦技巧和吉他演奏风格，他从中受益匪浅。实际上，迄今为止的 40 年里，尼尔都在不断学习和

推敲（伯特·詹茨于 2011 年去世，也许你没有听过他演奏的吉他乐曲。他的曲风毫无世俗浮夸之气，值得人们静心品味）。这个例子告诉我们，一个世界知名音乐家尚且能够如此敞开心扉地向他人虚心求教，不放过任何一个让自己进步的机会，我们又有什么理由不这样做呢？在人生的道路上，永远不要停下前进的脚步，也永远不要忽视任何能够帮助我们进步的榜样人物或机会。如果你看到他人在某件事上表现出众，那么问问自己："他们做了什么是我没有做到或不知道如何做的。"不要管那些人是谁，有怎样的身份，只要学习他们的优点就好。

10. 请牢记一点：有榜样人物的引导固然很好，但是千万不要被其"胁迫束缚"，并且要严格区分"效仿"与"盲从"之间的差别。作家与社会时事评论员 J.B. 普利斯特里（J.B. Priestley）曾在《高墙的那一边》（*Over The Long High Wall*）一书中提到，很多时候，我们都是受到野心的驱使，而不是智慧的引导。

"我不懂"

在第 2 章中我曾提到，能够坦诚面对自己学识的不足与技能的缺陷是无比正确的选择。对很多人而言，承认"我不懂"其实很难。有些人将承认"我不懂"理解为暴露自身弱点的"自杀式"行为。但对我而言，承认"我不懂"却能展现出高超的智慧。每当听到他人说出"您能告诉我怎样做吗"这样的话语时，我都会觉得很欣慰。因为这比看着那些执着的"傻瓜们"独自埋头于他们一窍不通的事情中满头大汗却毫无收获要好上千万倍。

缺乏自知之明也许是性格使然，难以在短时间内改变，但是缺乏某一方面的知识却是暂时的，你可以在任何时候进行弥补。科技发展就是一个很好的例证。无论是电子书阅读器、智能手机、社交网络工具还是最新一代的平板电脑，这些科技产品的迅速更替总会让你觉得自己落在了潮流后面。为了跟上时代潮流，你只能亦步亦趋地紧随科技发展，以免一不小心就成了落伍之人。而有些人却能轻松做到这一点。这样的人有一种思维模式——"了解这一点对我来说很重要，同时我需要研究别人是如何做的，并请他们给予我帮助与指点。无论是研读相关书籍还是参加培训课程，我都需要开动脑筋好好琢磨一下如何才能获取自己需要的知识。"

如果你没有这样的思维，那么以下几个原因也许可以解释为何你会成为这个样子。

- **倔强顽固**。这种性格既可以被当作优点，也可以被当作缺点。当涉及坚持原则或价值观层面的问题时，这种性格可以为你赢得胜利与喝彩。但当你面对某件不那么严肃的事情时，它则会阻碍你进行全面而深刻的思考。倔强顽固时常被解释为拒绝接受任何新事物，这就好像在自己的眼睛上遮上一层面纱，同时也遮住了探索新知识的视线。

■ **我很聪明。**对自己的才智评价较高的人，往往不屑于继续学习提高。这就意味着他们忽视或拒绝了许多不符合自己世界观的信息，取而代之的只是那些能够强化自身意识形态的内容。这就好比有的人永远只阅读唯一一种符合自己立场的报纸。

■ **缺乏自信。**通常情况下，缺乏自信的杀伤力极大。如果你经常觉得"每个人都比我知道得多"，那么缺乏自信的根源也许可以追溯到学生时代。例如，有一个同学在各方面都比你表现出色，但究其原因也许只是你不适应周遭的环境，或者你需要调整自己的学习节奏（学习速度其实和学习能力毫不相干），又或者你只是对应试的学习内容提不起兴趣（例如，艺术才能曾经不被人们所重视，但当我们生活的世界愈发图像化、荧幕化、娱乐化之后，这项才能就显得愈发重要起来，并被越来越多的人所重视）。

■ **我的世界就是你的世界。**每个人心中都有一种强烈的渴望，那就是希望告诉身边的人自己所知道的一切。有许多原因造成了这种现象，其中一个原因是，人们都坚信别人会被自己渊博的学识深深折服。但是，真正聪明的人会用另一种方式表达。人们都热衷于谈论与自己相关的话题，并且都希望别人能给自己高谈阔论的机会。

极简自律笔记：效仿式学习

☺ 对很多人而言，最困难的事就是承认"我不懂"。你一定要坦
　诚对待自己在知识上的不足。

☺ 如果你曾经认为"我无法做到这件事"，那么相信一定有人已
　经做到并为你证明了这一点。如果还没有，那么你为何不成为
　那个开拓者呢？

☺ 如果你以某人为榜样，那么在学习的过程中你要做到心脑并
　用。内心的感受为你提供动力与鼓励，而理性的头脑则为你制
　定切实可行的方案。

☺ 积极地聆听与观察。

☺ 不断巩固提高并勤奋练习。

把恐惧感转化为成就感

　　一次失误或不愉快的经历会给人留下深刻的印象。如果你因
为曾经的错误而倍感有压力，那么更要避免在以后相似的情形下
再犯同样的错误。假设你刚刚经历了一次糟糕的演讲，失败的原
因也许是因为无法回答听众们提出的刁钻问题，也许是因为其他
突发状况。如果事后你没有认真分析这次失败并总结经验教训，
那么这次失败往往会演变为一种深入内心的恐惧感，使你从此害
怕再面对类似的情况，唯恐避之不及。

这种恐惧感是如何表现出来的呢？在演讲过程中的提问环节，你也许就会感受到。如果不能轻松自信地主动邀请听众提问（例如，"到目前为止，我已经提出了几个比较重要的观点，它们将直接关系到在座的各位的工作进展情况；同时，我相信在座的各位也有一些问题……"），那么很可能是由于你缺乏自信，说话声音小，身体语言也变得具有防范性（也许你会不自然地用一只手抱住自己，或者遮住一部分脸，并且很少再有其他身体动作）。与此同时，你的言语中传达出的信息也会变得被动而消极（例如，你只是含糊地问大家"有谁想提任何问题吗"）。通过声调、用词和身体语言，你已经将自己的恐惧感暴露在听众面前。当然，在这种情况下，听众会不约而同地保持沉默，作为对你的反馈。

良好的自我对话

在本书开篇，我曾提到"自我对话"这一概念，以及什么才是"积极的自我对话"。"自我对话"可以体现为以下两种方式。

1. 你回想起过去曾发生的事情并希望探究其中的缘由。例如，由于你对在聚会中与他人交流感到头疼、厌烦，在昨晚的聚会中，你为避免尴尬而早早离场（或许是因为你有点喝醉了而不得不提前离开）；你很想弄清楚，在某项比赛中为何你所在的团队会输得那么惨（我曾在本章开篇探讨如何看待成功与失败时提到这一点)。

2. 在展望未来时，你与自己的对话也许是关于对某件事发展的看法。例如，也许因为一件令自己不愉快的事，你需要与朋友进行深入探讨；你曾与某人约定好见面，但那个人却失约了，你很想质问他为什么；你有一个非常重要的演讲，但最终结果却反响平平。

在诸多例子中，我曾屡次提到事情的发展不尽如人意的情况。面对这种情况，自我对话应该暗示自己事物美好的一面，并且提醒自己要以乐观自信的态度面对即将发生的事情。

每个人无时无刻不在与自己对话，而这种对话所带来的结果大致分为两个：不是让自己更加消沉颓废，就是让自己重整旗鼓。在最后这一小节中，我希望找到摆脱焦虑与恐惧的方法，帮助人们重拾信心，以乐观积极的心态迎接未来。那么，怎样才能把恐惧感转化为成就感呢？

我想向大家介绍一种实用的方法来妥善处理那些负面的情绪，从而免受其困扰与束缚。这种方法将帮助你以乐观积极的心态面对原本让你倍感焦虑的事情。

步骤 1：具体情况（S）

了解你所能预见到的困难。

步骤 2：特殊性（S）

对于眼前的困难，是什么让你感到焦虑？

步骤 3：重要意义（S）

清楚了解情绪与感受是如何影响你的行为的。你是否对某件事感到紧张或胆怯？这种情绪带来的影响又是怎样的？

步骤 4：暗示性（I）

具备一定的现实主义精神很重要。首先，你要问问自己，最坏的情况真的会发生吗？其次，你要明白，过分纠结于往事会对你之后的行为造成不良影响。换句话说，你心中暗示的一切都有可能成为被应验的预言。

步骤 5：调查研究（I）

调查研究能够让你了解当下的真实情况，同时将负面情绪转化为正面情绪。你可以认真思考下面几个问题。

1. 我曾经遇到过这样的情况吗？

2. 我是否总想到那些最坏的情况，认定自己每次都会是最倒霉的那个人？

3. 很多人都倾向于夸张的表达方式——在人们脑海中，一丁点儿困难都会被无限放大。人们常把自己的能力贬低得一无是处，如给自己"我简直糟糕透了"这般妄自菲薄的评价。如果是这样，那么你要问问自己"我是否夸大其词了"或"这些焦虑感和恐惧感真的存在吗"。

在进行一番平衡之后，你就可以解决步骤 2 中的问题了。是否担心在演讲过程中投影仪会出故障呢？那就提前确认机器能够正常运转，并且准备好应急方案；是否担心比赛对手会更胜一筹，每次比赛自己都会惨败而归呢？那就提前制定好应对策略；是否担心自己在他人眼中信誉度不高呢？那就从说话方式、穿着打扮、身体语言等方面着手解决。

步骤 6：动力与激情（D）

当调查和研究清楚当下的情况并做出适当反应后，你便可以将"困境"看作是提升自我的绝佳机会，而不是内心恐惧的根源。此时，当你战胜恐惧并想出克服困难的对策时，你就被赋予了无穷的动力与激情。

自我对话的实际应用

在第 6 章中，我会研究构建人际关系的不同方式——无论是一对一的形式，还是以会议、聚会为代表的群体社交方式。通过"社交"这一具体事例，我将进一步阐述如何利用"自我对话"来消除人们在社交场合中产生的焦虑感。

最后的思考

我一直希望自己变得更好。最近，我开始正式研究古典吉他演奏。我现在已经是一名吉他讲师了。能够成为一名职业音乐人

极简自律法：
越自律越幸运

对我来说是莫大的幸福，而这也正是我曾经付出很大努力换来的成果。

——默

当你甘愿停下来的时候，你就真的止步不前了。

极简自律笔记：把恐惧感转化为成就感

☺ 不要因为一丁点儿困难就变得恐惧和焦虑。

☺ 避免通过自己的负面思维模式对未来进行过多的预测。

☺ 积极的自我对话能够帮助你进步和完善。

☺ 循序渐进的方法可以帮助你弥补自己的缺点，再大的困难也可以被克服。

☺ 曾经不好的回忆也可以变成你所期待的未来。

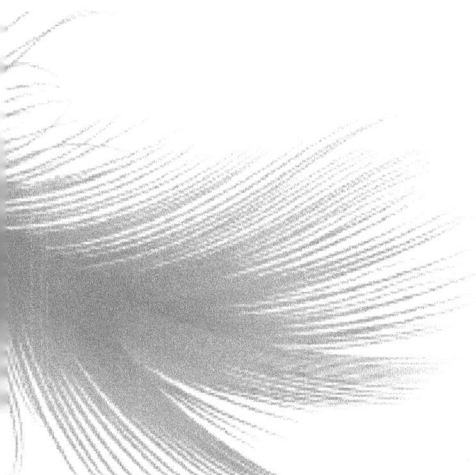

第**4**章
自律让你变身行动派

我注意到一件事：最优秀的行动者往往非常看重自己的执行力。他们对自己的要求极高，但同样也能做到虚心求教，欣然接受他人的指导。在我的工作中，身边的律师们都非常努力，因为他们知道，没有什么能够代替努力与勤奋。虽然这听上去没有什么特别之处，但是，最优秀的人往往能够巧妙地平衡努力工作与惬意生活。

——乔纳森

  对于构成"一流表现"的因素，人们各持己见。但是对构成"卓越行动者"的条件，人们却往往持有一致的看法。仔细观察那些卓越的行动者，无论是在普通的工作环境中，还是在体育比赛、乐器演奏或政坛中，我们都能找到他们所具有的共同特征。本章就是要整理并展现这些特点，从而帮助大家将这些特点带入各自的实际生活中；同时，这些特征更是与第1章所介绍的内容——"认同感"相得益彰，互为补充。

  本书的部分内容将围绕如何超越自我、获得进步展开。你也许在某客服中心工作，希望通过多接听电话来提高自己的销售业绩；你也许是一个团队的领导，想要提高自己的领导水平；你也许是一个业余吉他爱好者，渴望自己的演奏技术能有更大的进步；你也许为人父母，希望帮助孩子用最适合他们的方式向全世界展现自己。

  有一项研究结果表明，天赋并非日后成功的唯一指标，甚至都算不上是可靠的参考标准。随着人们对大脑工作情况的深入了解，以及对某些特定因素是如何通过日常作用而产生变化的认识（例如，经常进行举重等力量训练，手臂肌肉就会变得很发达），几乎可以肯定：天赋对于人们的成功有一定帮助，但并不能保证人们将来一定会有出众的表现与作为。实际上，大众心理学领域的专家，如杰奥夫·科尔文和《跃起》（*Bounce*）一书的作者马修·赛义德（Matthew Syed）认为，无论你拥有怎样的天赋，没有什么比有目的、有意识的练习更有价值的了。无论在哪个领域，勤加练习都能帮助你取得进步，使你表现出色。如果将这种有意识的练习与你的内在动力（即你想要大展身手的渴望）相结合，那么成功也就指日可待了。

勤奋与努力

只有努力才会成功

奈杰尔·罗伯特（Negel Roberts）曾是英国超过 35 岁以上组冰球队队长。退役后，他开了一家冰球俱乐部并亲自担任教练。在多年的职教生涯中，他见证了很多年轻人成长的过程，同时注意一个现象：那些十二三岁就来练习冰球且立刻脱颖而出的孩子，没有在十八九岁的时候获得成功。奈杰尔是这样说的："那些将成功完全归功于天赋的人会认为自己过人的天赋将引领自己永远走在通向成功的康庄大道上。而真正获得成功的人却不这样认为，他们为了有更好的表现而付出比他人更多的汗水，他们明白如何对待失败和失望；因为对他们而言，通向成功巅峰的道路荆棘重重。虽然天赋能让你领先一时，但是只有勤奋与努力才能帮助你登上真正的巅峰。在生活中，我也注意到了这种现象。对我而言最重要的是，如果你天生具备某方面的资质，那么只有将

先天优势与后天勤奋相结合，才有可能让自己成为真正的强者。在我看来，勤奋与努力永远是最重要的。"

人们都喜欢速战速决，并且格外痴迷于那些所谓的速效对策。例如，我们都知道减肥的最好方法就是少吃多运动，但有些人并没有因为这条真理而停止购买各种疗效不明显的减肥产品。他们不愿锻炼，因为这看上去既浪费时间又难以坚持。进一步分析，那些电视广告中鼓吹的燃脂塑形仪器，让人既能舒服地窝在沙发上，又能同时达到减肥的目的。显然这些都是人们喜爱的速效对策，但我却丝毫不相信。

速效对策并不能带来良好的表现。最好的表现完全来自于人们长期的潜心钻研。当被问到为何能有令人惊叹的演讲水平时，英国前首相温斯顿·丘吉尔（Winston Churchill）想都没想就回答道："我认为，即兴演讲毫无价值，甚至都不值得写在纸上。"事实证明，每次演讲前，丘吉尔都会用数天时间进行精心的准备。

我就是我吗

良好的表现始于相信自己可以变得更好。如果你不相信自己，那么再多的勤奋与努力又有何用呢？也许你会认为这个观点的正确性值得商榷，但千万不要认定自己的能力是上天注定的，或者会受到天赋的限制。我在第 3 章"了解你的能力"中解释了为何很多人都对自身能力有着狭隘而偏颇的看法。虽然你曾有过超常的表现，但你是否依然认定自己的能力不过如此。其实，你的能力远远超出你的预想。

那些令人惊喜的时刻值得珍藏，但出乎意料的成功却不能被单纯当作"初试者的幸运"或用"命中注定"的观点来解释。从科学的角度来看，如果你愿意投入时间与精力去改变自己，那么必定会如愿以偿。

一些研究表明，当受到新的促进因素刺激时，人的大脑中某些具有一定可塑性的特定区域将发生变化。2000 年，一项具有开创意义的实验研究表明，伦敦出租车司机大脑中的一部分海马体（被认为具有空间记忆的作用）与实验对照组大脑中的一部分海马体相比要大许多。那部分海马体的大小随司机驾驶经验的多少而变化。这个实验清晰地证明了刺激会在大脑的特定区域产生加速的电流活动，同时大脑也会产生相应的变化，从而使人有更加出色的表现。你的"硬连线"——个性与人格的本质——并未发生变化，但你的"软连线"——大脑中的某些要素——已经随着全新的思维与行为方式而发生改变。

我要再次强调第 2 章"了解你所看重的是什么"的重要性。如果你不愿在那些没有认同感的事情上浪费时间，而对其他事情有着强烈的兴趣和渴望，并且相信自己投入越多收获就会越多，那么结果也必定会让你惊喜万分，那就是你会发现自己的成就与收获早已超出了最初的预想。

假设作为部门领导的你希望能够提高自己的管理水平。经过一番分析后，你认为自己不应该一味地命令团队成员完成工作，而应该更加设身处地地为他们着想，换位思考，从团队的角度看待问题。因此你尝试做出一些改变。也许一开始你对自己的变化感到不适应，但随着时间的推移，通过更多的练习与尝试，你的大脑和思维方式就会逐渐适应这种变化，有人情味、重感情的变化将会逐渐成为你性格特征中不可分割的一部分。如此一来，你会更加适应周围的环境，同时也会感觉舒适和放松。

髓磷脂是位于神经末梢的一种脂肪（用于产生髓鞘），它可以加快大脑中不同部分之间的连接。神经学告诉我们，通过刺激可以改变我们柔软且具有可塑性的大脑，同时改造大脑的部分区域，从而使我们能够表现得更好。如果你希望自己的手臂变得更强壮，那么你需要经常锻炼它。同理，如果你希望成为杰出的领导者，能够在工作中表现出更多的同理心，那么你也需要勤加练习。

有目的地练习

14岁时，我发现了哥哥床下躺着的那把老旧的伍尔沃斯电吉他。我从来没见他用过，因此我便向他要了过来。从那时起，我似乎一下子找到了真正的自己。每次练习我都要弹上好几个小时，甚至为了有更多时间练习而放弃了与同学们外出玩耍的机会。我勤奋练习，一刻都不敢放松，因为我知道许多优秀的吉他手从更小的年纪就开始练琴了。那个时候，我学习吉他演奏的方式并不算正规。之后，我考入大学，并且达到吉他演奏中级水平，接着又达到高级水平。无论何时，我都十分重视与专业人士之间的交流，还常常与志同道合的同学们或音乐会上结识的发烧友们聚在一起讨论音乐。我在这种学习方式与一直以来坚持的学习方式中找到了平衡点。在 20 世纪 80 年代初期，我花大价钱买了很多本《吉他手》杂志。该杂志中有一个栏目专门刊登当时一些知名吉他大师执笔撰写的关于不同演奏技巧的文章。这些大师包括弗兰克·扎帕（Frank Zappa）、拉瑞·科利尔（Larry Coryell）、罗伯特·弗利普（Roberts Fripp）等。通过他们，我找到了在不同事物之间保持平衡的方法。

——默

默谈论了自己对吉他演奏的投入，以及为获得成功所付出的辛劳。有大量研究表明，虽然与生俱来的天赋可以帮助人们更快获得成功，但是将佼佼者与平庸之辈区分开来的却是投入的时间与精力，或者说是勤奋的程度。时间上的投入尽管重要，但还远远不够，人们还需要有一个目标。如果你希望了解更多相关内容，我推荐你看马修·赛义德所著的《跃起》一书。

练习与重复之痛

不断重复是无比枯燥乏味的。测试自己对某件事的内在动力有多强的方法就是观察自己能忍受多大的痛苦（尤其是体育项目），以及是否准备好了为获得成功而坚持不懈地练习。有一种

极简自律法：
越自律越幸运

方法可以有效克服身心上的痛苦——幻想自己成功后的美妙感觉（参见稍后的"练习与自我实现"一节的内容）。

下面我与大家分享一个我的亲身经历。

时至今日，我已经成为一名半职业游泳运动员两年多了。刚开始，我只是希望通过游泳减肥，并且我成功地做到了这一点。然而，游泳的魅力远不止于此。我热爱游泳，因为它让我产生了强烈的亲近感。与此同时，我也意识到需要找一个更有力的理由来支持自己继续游泳，因为就目前的情况而言，保持体重这个理由已经远远不够了。因此，我参加了 2.5 公里"马拉松式游泳比赛"（相当于在游泳池里游 100 个来回），并开始为此积极备战。第一次练习时，我一口气游了 100 个来回，这种感觉真的很美妙。为了保持兴趣，我为自己设定了时限。在正式比赛中，我实现了既定的目标。比赛一结束，我就决定在下一年度继续参赛。我为自己设定了新的时限（缩短 7 分钟），并且我再次顺利实现了这个目标。在撰写本书时，我已经将时间又缩短了 10 分钟，这也就意味着在下一次"马拉松式游泳比赛"中，我的耗时将比两年前缩短 20 ~ 22 分钟。每次跳进游泳池，我都带着明确的目标，这让我避免了枯燥乏味以及千万次重复所带来的痛苦。不管怎样，毫无目的地在游泳池里上下浮沉是非常无趣的。最近，我正在努力缩短蛙泳姿势的距离，增加自由泳姿势的距离。我希望自己最终能完全以自由泳姿势完成整个比赛（自由泳比蛙泳的速度更快，对身体条件的要求也更高）。我就是这样通过另一种形式将挑战延续下去的。在游泳池中对自己的要求越高，当达到要求时我的心情就会越好——那是一种自豪感，特别是比规定时间还要早几秒钟游完全程时，我的心中充满了强烈的自豪感与成就感；同时，高强度运动产生的内啡肽也给我带来了无与伦比的美妙体验。

"有目的地练习"是因人而异的。适合我的练习目的，也许并不适合你。但是，有一点可以肯定，那就是如果你想要进步、渴望成功，那么需要怀揣着明确的梦想与目标，并且按计划一步步地前进。在第 5 章中，我将用更多具体事例（如学习一门语言、做公开演讲）来解读这一方法。

练习与自我实现

时刻将目标与实现自我价值的愿望牢记在心中，这样你就会有更大的动力。帮助你获得成功的关键因素是，如果你在自己选择的领域内表现出色，那么你自然会产生强烈的目标感。你要明白：想要实现更高的目标，就要努力提高自身的能力水平。如果你见证了自己的出色表现，但却并未因此充满动力与激情，那么也许你正在浪费宝贵的时间。

练习与自省

在这个人人都看轻学术成就的时代，依然有很多年轻人能够博古通今，知晓天下事，这实在让我感到惊奇。谁又能断定过去

的考试会更难一些呢？这样的问题实在是毫无意义，只能当作是自我辩解的一种说辞。虽然我们不愿承认，但是随着科技的迅猛发展，人才不断涌现。对卓越的行动者而言，无论年纪、经历和功劳如何，他们都会不断审视自我、完善自我。想要不落后于时代，你务必要做到以下几点。

1. 让自己跻身科技发展的前沿，千万不能对新事物熟视无睹。

2. 问问自己"在我的知识储备中，有哪些已经过时落伍了"。

3. 无论你现在年纪大小、过去成功与否，都要不断提高自己的能力水平，不断进步（参见本章开篇引用的乔纳森的观点）。

极简自律笔记：勤奋与努力

☺ 强者都很勤奋。

☺ 在努力的过程中，一定要有明确的目标作支撑。

☺ 在学习新技能时，需要带有明确的目的性。

☺ 让"未来出色的自己"给"现在努力的自己"打气加油。

☺ 永远不要因为自满而止步不前。

如何找准自己的位置

在上文中，我曾谈到在练习过程中所应培养的目的性——无论是练习弹奏吉他、游泳，还是提高演讲水平。在这一节中，我将继续阐释这个理念并将其提高到具有实际操作性的层面。这样做正是考虑到我们都有一个具体的职业和职场角色，这意味着我们应该了解他人希望从我们这里得到什么，或者明白自己能给所在团队做出何种贡献。也许，正是因为将个人的特色与承担的职责相结合，才能让我们在某一特定领域有出色的表现。然而，这种个人特色也极易在日复一日的烦琐之事中被消磨殆尽。

我扮演着怎样的角色——为他人而存在

无论是六位受访者，还是曾与我共事的其他成功人士，他们都有一个共同点，那就是能够清楚地了解自己在所在的领域中应有的表现及承担的职责。有趣的是，在所有事例中，他人的作用以及成功者将自己与他人联系起来的情况比比皆是。接下来，乔纳森的话就说明了这一情况，他所处的传统而平凡的工作环境也是我们再熟悉不过的了。

"我常常问自己：'别人希望从我这里得到什么？'由于我为共事的同事们服务，因此我心中必须有清晰的答案。虽然答案会根据不同的工作角色发生变化，但是它对我的意义却永远重

要。例如，我目前的角色（人力资源总监）需要一定的'思维能力'——这也是我与同事们共事的前提条件。我要善于言辞且表达清晰——也就是能够清楚地表明自己的观点，同时能与他人有效沟通。如果做到了这些，那么我将得到同事们的信任与认可。由于工作性质的要求，如何让自己想出更多的点子，并且帮助同事们实现他们的想法，也是我需要考虑的问题。换句话说，我要让同事们的工作因为我而变得更简单。"

对亚当而言，有一系列的"思维过滤器"可以帮助他与他人融洽相处。与办公室的工作环境一样，这一点在极具创造性的场合同样重要：

"在工作中，'思维过滤器'可谓是我的得力助手。其中一个'思维过滤器'是'我能给他人带来什么'。对他们而言，应该有明确的好处，无论是需求得以满足，还是愿望得以实现。另一个重要的'思维过滤器'是问自己'我愿意这样做吗'。举个例子，很多年前，我与一些政府官员和行业专家共同参加宽带技术商业推广会。在会议期间，一些人在乐此不疲地推广订购模型，于是我问了一个问题：'在过去的六个月中，谁在网上购买过类似的产品？'当时没有一个人能够回答，而我的言下之意就是'你凭什么认定其他人会买你的产品呢'。"

（亚当的第三个"思维过滤器"将在本节的稍后部分讲述。）

米歇尔也有同样的观点。她在评论中特别强调了顾客的重要性：

"我认为换位思考非常重要。我经常问自己：'我的顾客需要什么'（'顾客'这一概念非常宽泛）。我将换位思考应用于与同事、顾客以及领导的交流中。我一直要求自己能够这样说：'我已经明白了您的建议和要求，这也正是我将向您提供的。'"

总而言之，请问问自己别人想从你这里得到些什么。如果不确定，那么你不要凭空想象，而是要认真思考。就像米歇尔所建议的，你提供的帮助也许是最简单易行的，但这也许恰恰与他人的需求毫无关系，甚至背道而驰。显然，很少有人能够真正意识到这一点。

身为团队中的一员，我扮演着怎样的角色

众所周知，运动员在其运动领域中的主要任务就是不断提高自身表现。然而，当身为团队中的一员时，为了更好地支持团队，每位运动员都需要进行更精确的自我定位。对格雷格而言，这意味着：

"我的团队中都是 23 ~ 28 岁的年轻人，我会鼓励他们每一个人，希望他们都能有自己的观点。我们可以一同抱怨上级派发的或者赞助商提供的太阳镜等器材配件有多么差劲，但我也会随

时提醒他们，凡事不要人云亦云。在运动员和教练之间，我扮演着'沟通桥梁'的角色，在他们需要的时候，我一定会尽职尽责。"

大多数人都置身于团队之中——工作团队、俱乐部或家庭，因此明确自己能给所在团队带来什么就显得至关重要。对格雷格而言，40岁的年纪以及相对于其他队友更加丰富的经验，使他需要运用自己的智慧帮助团队得以长远发展。你的表现与能力是无限的，但作为团队中的一员，你需要结合团队的整体表现，从而来决定自己应该如何履行职责。

在一个团队中，一般有以下几个基本角色。

- **领导者**。身为领导者的你有着好名声、好信誉，或者丰富的经验（也许三项兼具），这些不仅让你受到他人的敬仰与爱戴，同时也使你肩负起为他人指引方向的重要责任。领导者的角色可以细分为两类，即"指令型"与"求同型"，领导者们通常倾向于选择其中一类作为自己的领导风格。对格雷格而言，他结合了"求同型"与"协调者"（见下文）的双重角色。

- **思考者**。你是否总能想出新点子或表达与众不同的观点呢？例如，你是否是一个喜欢唱反调的人？你是否能够直抒己见，大胆说出不同的看法？在某些情况下，思考者有可能是整个团队中最沉默寡言的人。如果你在团队中扮演着这个角色，那么就请记住，一定要勇于说出自己的观点，从而给团队带来不一样的视角。

- **协调者**。扮演这个角色的人可谓是团队的感情黏合剂，他不仅可以修复团队成员之间的关系、解决争端与分歧，还可以提高团队的凝聚力和提供更多的欢乐。

- **执行者**。顾名思义，执行者都是实干家。不管面对什么样的问题，他们首先看到的是可能性，而并非困难与麻烦。这个角色能够为团队输送源源不断的正能量。

- **成功者**。如果说执行者是把事情做完，那么成功者则是把事情做对、做好，因此成功者又被称为大局掌控者。他们拥有十分丰富的经验，并且在面对困难时，能够带领整个团队披荆斩棘，开辟出一条前进的道路。

你既无法单独承担某一个角色，而与其他几个角色撇清关系，也无法做到身兼数职、面面俱到。我的经历告诉我，绝大多数人都能胜任前两个角色、无功无过地扮演第三个角色，而在剩下的两个角色上则表现欠佳。如果我问你，哪一个角色最适合你，最明智的做法就是从身边的人那里得到最真实而诚恳的答案。当然，就像本书许多地方提到的那样，正确的自我认识是做到自律的关键因素。因此，在确保自我认识正确的前提下，敞开心扉听取身边的人对你的看法与建议大有裨益。

极简自律法：
越自律越幸运

为何要注重细节

许多时候，我们对正在做的事情感到无比厌烦，认为做到95% 就已经很好了。然而，成功人士则会坚持完成最后 5%，他们认为正是这小小的距离把平庸转化为神奇。正是这最后的一点努力，让最优秀的人才脱颖而出。格雷格在训练过程中体会到了多付出一点努力是多么重要：

"有时候，当我仅仅为了缩短十分之一秒的时间在划船机上拼命练习时，我觉得这实在是毫无意义。然而事后想想，这样的努力并没有白费，那看上去微不足道的十分之一秒实则意义非凡。"

在整个职业生涯中，亚当非常重视细节。我曾问他为何如此，他给出的答案值得我们借鉴：

"我所说的第三个'思维过滤器'就是'实际行动'。在'第四频道在线'项目上我们所运用的一个重要方法是'用户中心设计'。这种方法旨在关注终端用户（观众）的需求，以及他们所处环境的诸多细节。带着这样的想法，我们需要考虑观众是否真的会这样做？他们是否会因为这样做而感到恼火？这是一件需要注重细节的事，因为我们还要分析观众就座的位置与屏幕之间的距离，房间里都有谁在看电视，他们交谈互动的情况如何，以及是谁掌握着遥控器。类似的种种细节都会产生很大的影响。再以苹果手机为例。虽然它并非世界上最好的手机，但大多数人都认为它确实简单好用。"

做自己

在第 2 章中，我曾着重强调了一个观点，那就是无论你做什么，即使做出了不得已的事情，也要忠于自己的内心。在一件事上，如果你无法"做自己"，无法展示自己的个性，那么就很难得到真正的快乐。乔纳森所说的一段话可以解释这一点：

"我曾仔细回想，到底是什么铸就了他人的成功。近些年我一直投身于处理重要法律案件的工作中，因此下面的建议和评论适用于律师同行们，我敢肯定他们也会将此运用到生活中。首先，一个人能够家喻户晓、八面玲珑固然很好，但我的一位同事曾说过：'成功往往伴随着批评与非议。'显然，在变得越来越优秀的过程中，你需要保持一定的个性，那些与众不同的特质会让你如虎添翼。例如，在法律圈内，很多律师都会把自己关在屋子里一两个小时，聚精会神地埋头于几百页的文件中，仔细分析和研究案件的细节。他们都没有注意到，律师更大的价值在于是否能够为公司带来新的法律案件。想要做到这一点，不仅需要出色的人际交往能力——风度翩翩、充满自信，而且要能够设身处地地为客户着想。总而言之，即使是最聪明人，也常常会迷失在自己的世界里，被固有的思想所局限。"

"每个人都与众不同"这样的话已经成为人尽皆知的真理。

但实际上有些人的个性实在不讨人喜欢。某些所谓的性格分析机构曾试图把人们的性格归类，这样做虽然有趣，但毫无价值。

世界上有 70 亿人，就有 70 亿种不同的个性。现在比以往任何时候都需要个性，正如乔纳森所言，你需要找到那个让你与众不同的特质。你的特点是什么？你是否有他人不具备的特长呢？你又会怎样保持并展现自己的个性呢？

极简自律笔记：如何找准自己的位置

☺ 清楚了解自己的所作所为是如何影响他人的，知道他人希望从你这里得到些什么。

☺ 换位思考，从而促进相互了解。

☺ 在一个团队中，你最擅长扮演什么角色呢？

☺ 细节区分出了杰出人才与平庸之辈。请记住，最后那一点额外的努力至关重要。

☺ 做自己。

跳出惯性思维

在没有相关先例的情况下，能够尝试不同的处事方法非常重要。换句话说，这往往是以一种创新的方式做一件事的最好理由！

——亚当

换一种思维方式

对大多数人来说，时间从来不够用。各种截止期限渐渐逼近，收件箱中的未读邮件满到爆棚，长达若干页的待办事项清单也令人头痛，而所有这些事情都在抢占你与家人、朋友相聚的轻松时光，同时也夺走了你的业余时间。你为自己增加了太多负担和压力，凡事都要立即处理，却从不愿给自己更充裕的时间思考如何把事情做好。

跳出惯性思维并非关注如何想出新点子、如何解决问题、如何发现机会等具体问题。相反，它旨在教我们寻找能使自己更加幸运的关键因素。想要做到这一点，需要你开动脑筋，并以你从未尝试过的思维方式考虑问题。以下四步可以助你一臂之力。

第一步：认清现状再思量

在处理问题的过程中，人们时常会被自己的思维定式束缚住手脚。假设你每天都要开车上班，而早高峰拥堵的交通状况让你头痛不已，当经历了长时间堵车的折磨，费尽周折来到公司时，你也许已经精疲力竭，再也没有精力面对即将开始的工作了。你知道这个问题亟待解决，因此你这样看待这种情况："我需要以更加轻松的状态来上班，但是糟糕的交通状况是如此可怕。"

请注意，上面那句话中"但是"这个转折词可是"致命杀手"。虽然事实的确如此，但是这种带有认命、接受现实意味的表述不利于你想出解决方法。其实，你需要以更简单的方式来看

待这个问题，从而想出可行的解决方法。你可以采用以下两种表述方式。

1. "我需要以更加轻松的状态来上班，因此我要想办法减轻糟糕的交通状况带给我的压力。"

2. "我需要以更加轻松的状态来上班，因此我应该考虑其他出行方式。具体有哪些选择呢？"

针对第一种表述，解决的方法包括关掉收音机，播放轻松舒缓的音乐，早点从家出发，另选一条行车路线。针对第二种表述，解决的方法包括换乘轨道交通、骑车、与他人拼车，或者结合多种交通方式出行，又或者尽量在家办公。

在上面的例子中，你会发现"转化"的神奇力量。将对困难的抱怨和无奈转化为以积极的心态寻找有效的解决方法。

第二步：减轻压力

在繁忙的工作与生活中，人们常常会给自己设定错误的截止期限，而这些截止期限没有任何促进作用，只会徒增压力。迫于压力，人们的大脑无法以最好的状态思考问题，同时渐渐逼近的限期也只会让人们仓促行事，最后得到不如自己所愿的结果。

如果是这样，那么请停下来吧！你要问问自己，那些最终期限真的那么重要吗？是否可以延长时间呢？人们时常认为当机立断和立即行动很重要。可事实并非如此，你完全可以延长几天

（最好是延长几周）。只有给大脑更加充裕的时间，投入全部精力去思考，才能得出真知灼见。

结合将要介绍的第三步，心理学家盖伊·克拉克斯顿（Guy Claxton）对此也有自己的看法，我们暂且称之为"放慢思考的脚步"。

第三步：好好利用"心理调节开关"

假设你已经减轻了自己的压力，那么现在请给大脑足够多的时间开始工作。打开"心理调节开关"，暂时停止关注那些令人烦心的问题或让机会暂时溜走，让自己休息片刻。别担心，"心理调节开关"并不会让你的大脑彻底停工，它只会打开一束非常柔和的光，照亮你脑海中最需要解决的问题。从意识层面来讲，你的大脑可以在不同状态下工作。

"心理调节开关"让你的大脑有机会以截然不同的方式研究问题——适当减少有意识的思考可以提高你的洞察能力。尽管你并未有意识地思考某个问题，大脑的潜在思维却一直在工作。回想一下那些最好的想法是在什么情况下造访你的：泡澡、开车或骑车还是冲凉时？不管是哪种情况，可以肯定的是，这些好点子绝对不会在你咬着笔杆绞尽脑汁地思考时出现。因此，你需要做的就是尽量放松神经并放慢整个思考过程。

第四步：捕捉灵感，成就非凡人生

你是怎样对待自己的突发奇想或灵光乍现的呢？如果在看似

极简自律法：
越自律越幸运

最不可能的情况下好点子与你不期而遇，那么你要及时捕捉那些转瞬即逝的灵感。这是为什么呢?

1. 如果你不抓住这些灵感，那么它们很快就会消失。例如，凌晨 3 点，你为自己突然找到解决问题的办法而欢呼雀跃，但如果不立刻将灵感诉诸文字记录下来，那么到了早晨 8 点，所有的一切只会幻化为一片模糊的记忆。

2. 大多数突发奇想仅仅只是一个良好的开端，而并非完美无缺。你需要继续调整、完善这些灵感，直到将它们变为名副其实的好点子。

我的一位朋友曾经在家中的浴室里安装了一块白板，用来随时记录自己想到的好点子，因为他知道如果不马上记录下来，灵感就如昙花一现，瞬间消失得无影无踪。

极简自律笔记：跳出惯性思维

☺ 放慢脚步，让思维跟上你的节奏。

☺ 减轻压力，给自己多一点时间认真思考。

☺ 不要轻易让灵感溜走。

☺ 重新审视自己遇到的问题。

☺ 不要说"我办不到"这类话语。

☺ 享受那些让你变得与众不同的事。

保持新鲜感

我知道自己需要哪种催化剂。几年前，因工作需要，我与第四频道的同事一起造访时尚设计师保罗·史密斯（Paul Smith）在考文特花园的工作室。当时，我对工作室内随处可见的、杂乱无章的物件感到震惊。这也让我想到自己家中也正是如此——到处散落着各种杂物，有摄影的各种器材装备，也有旅途中带回的大大小小的纪念品。但也正是这些凌乱的东西，不断激发我的想象力。由此想来，艺术带给我的灵感尤其多，无论是因为偶然的机会去电影院看电影或参观了艺术展，还是在一天中的某个空闲时间去那些与艺术相关的地方消磨时光。这一切都为我的想象力提供了不竭的动力。

——亚当

你也许会嫉妒"幸运的亚当"还能忙里偷闲去艺术展逛一圈，但我要说的重点不在于此。你需要知道怎样以及何时何地能让自己重获新鲜感——就如同荒漠中的一片绿洲，让你能暂别残酷世界中的负担与压力，停下脚步重新认识自己，并为下一次起程积攒能量。我认为，尽管有些人乐于做那些逃避现实的事，但对大多数人而言，哪怕只是短暂的休整，也是必不可少的。

我想提醒你：如果功成名就仅仅只为一己私利或个人欲望，那么你很快就会觉得单调乏味，毫无动力，并会提出这样的质疑——"我这样做到底是为了什么"。发生这种情况常常在意料之外，让你措手不及。举一个例子，2008 年北京奥运会场地自行车女子争先赛金牌得主维多利亚·彭德尔顿（Victoria Pendleton）就曾坦言，自己在赢得金牌后常常感到空虚，甚至觉得之后的比赛对自己毫无意义。这样看来，每个人都有可能对原本热爱的事物丧失兴趣（彭德尔顿曾经常说自己多么热爱自行车运动），而这也提醒你——需要让自己休息片刻了。

初次体验

在第 1 章的调查问卷中，我曾要求你回忆最近一次尝试新事物的时间。在这个问题上你用了多长时间呢？想要发掘过去生活中遇到的刺激点，回答这个问题将是一个很好的开端。

如果你每天都疲于应付身边的烦琐小事，或者忙于处理工作和生活中的各种问题，那么你也只能是平凡一世，不会再有更好的表现和进步。原因很简单，在忙碌奔波中，你忘了问问自己是有多么渴望体验新的刺激和思维方式。

一成不变的生活会让你的感官变得迟钝、性格变得呆板。试想，你是否已经遗忘了自己的兴趣爱好呢？曾经的你也许是个电影发烧友或铁杆足球迷，但现在的你甚至一年都不做甚至都想不起昔日让自己热血沸腾的事了。或者就像大多数人一样，你发现自己的晚餐永远重复着单调的菜式，毫无变化。那么现在是时候重新审视这种单调的生活了。

感受新事物的一个好方法就是重新认识旧事物，发掘它们不被熟知的一面，也就是让你的五种感官都有新的体验。下面这个小练习将帮助你回想起最近一次的体验，并为下一次体验做好计划。

五大感官

感官	最近一次	下一次
味觉	-------------	-------------
触觉	-------------	-------------
视觉	-------------	-------------
嗅觉	-------------	-------------
听觉	-------------	-------------

"下一次"可以选择的感官体验包括以下几类。

- **味觉**。品尝美酒和美食。

- **触觉**。触摸土地、触摸丝绸、制作美食、触碰树木和花草、轻抚爱人、触摸水或动物的皮毛。

- **视觉**。看一下你所居住的城市的最高点、每周发现一个新地方、欣赏艺术作品、看一场球赛、静静注视漆黑如墨的夜空。

- **嗅觉**。去乡村闻雨后森林的味道、闻一杯新鲜咖啡的香气或大海的气息。

- **听觉**。听美妙的音乐（现场或录音皆可）、体会真正的寂静和噪声、感受体育比赛中如雷贯耳的欢呼声或图书馆

的安静和清晨的鸟鸣。

一些小建议

希望下面介绍的几个建议能帮助你找回新鲜感。

- **在家中度过假期**。很多人会对这个建议感到不屑，但我亲自印证了这个方法的有效性。几年前住在伦敦时，我决定选一个假期留在伦敦，而不是去其他地方旅行。如果你告诉自己"待在家里感觉糟透了，出门旅行才是正确的选择"，那么你周围的环境就会永远灰暗且毫无吸引力。在自己居住的地方，带着一双好奇的眼睛，做一名探索新鲜事物的游客，那么你将发现往日里遗漏的许多美景和错过的精彩。你的居住地周边也许远比你打算前去旅行的地方有意思。这样说并非让你不再外出旅行，只是希望你能对自己的居住环境抱有积极而好奇的心态，时刻热爱自己眼前所看到的景色。

- **找到情绪的催化剂**。提醒自己要找到重获动力与激情的事情。每个人都有让自己感觉良好的兴趣爱好，例如，看一场电影、参加体育锻炼、静思冥想、欣赏喜剧、品尝大餐。如果被某些事情牵绊住而无法脱身，那么也就意味着你将与这些能带给自己良好感觉的兴趣爱好擦肩而过。每日重复的琐碎之事只会让你深陷"我再也没有精力做其他事了"的旋涡中，而只有保持"我能做什么"这样积极向上的态度才能唤醒你的激情，让你重获动力。

■ **保持好奇心**。去陌生的地方旅行是一个不错的选择。但如果你只关注那些自己原本就感兴趣的事情，那么永远不会发现新的喜好，而原来的兴趣也终将变得乏味。板球爱好者兼评论员 C.L.R. 詹姆斯（C.L.R. James）曾说过："只知道板球的那些人又能对板球有多精通呢？"由此可见，你应该让自己体验全新的心灵旅程，带着好奇心去探索全新的事物。写下二三十件你可以尝试的事情，例如，读一些陌生领域的书籍；在谷歌搜索引擎里随意输入一些内容，看看能搜到什么信息；尝试一项新运动；写一篇短文；尝试某件原本不敢做的事情。你先不要评判所列的清单是否合理，尽管天马行空、随心所欲地想，然后问问自己："我应该如何完成清单中所列的这些事情呢？"

极简自律笔记：保持新鲜感

☺ 留意欣赏身边的风景，不要因为熟悉而忽视。

☺ 经常刺激自己的各种感官。

☺ 让自己经常保持"初次体验"的喜悦感。

☺ 找到情绪的催化剂——那些能轻易获得并让你心情愉快的事物。

☺ 争取每天尝试一种新事物，哪怕只用很短的时间也好。

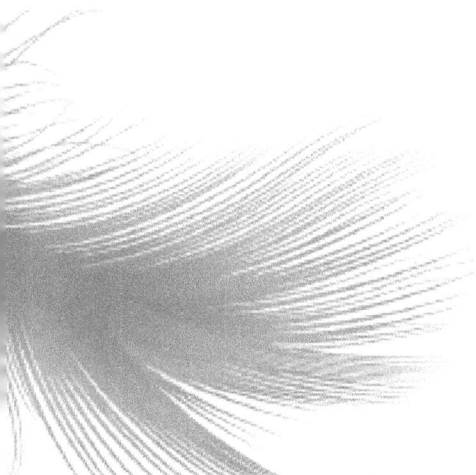

第5章

自律是目标与成功之间的桥梁

我总能知道自己不想做什么，而不是想做什么。以 18 个月为限，如果我对接下来的 18 个月的计划很感兴趣并心向往之，那么我就不会因为无趣感到烦躁或坐立不安。和其他人不同，我的目标和事业规划既不长远也不宏伟。对我而言，当下的快乐和充实感最为重要，而不是那遥不可及、虚无缥缈的未来。

——亚当

极简自律法：
越自律越幸运

　　本章的重点是谈论与目标相关的思维和行动方式。有些人喜欢制定清晰明确的目标，并且严格按计划逐步实现这些目标。换句话说，他们制定目标往往要经过深思熟虑，一旦决定便严格实施，甚至成为人生最重要的信念与成功战略。另一些人则与亚当如出一辙，只要有人生的大致方向即可，知道是什么在激励着自己不断向前，而不去深究所谓的人生目标。还有一些人则坚信活在当下才是最重要的人生准则。

　　你也许会问："上面哪一种生活态度是最好的？"我的答案是，这三种生活态度都很好，你要做的就是选择真正适合自己的生活态度。如果你对某个人生目标毫无认同感，并且在经受时间的洗礼后仍不感兴趣，那么对于这个人生目标，你不可勉强为之。同样，如果你偏爱清晰明确的目标，那么变化万千、毫无定数的生活方式必然不适合你。我认为，大多数人都需要设定人生目标，因此本章将从目标的两个方面予以阐述：

　　1.人生的明确目标；

　　2.人生的大致方向。

　　对于上述三种迥异的生活态度，你也许只认同其中一种，这未尝不可。然而，我认为这三种生活态度的内在是紧密相连的，并且在某些情况下都对你有所裨益。就像我的一位受访者米歇尔所说的：

"我有自己的人生规划。很小的时候我就渴望去中国走一走，幸运的是我实现了这个梦想。我在那里工作了两年，而现在我多希望这段时光能更长一些。虽然我并不知道自己在未来的五年中要做什么，但是我大致清楚自己喜欢做什么。换句话说，新的挑战和尝试能够随时激发我的能量，让我充满动力地继续前进。"

"活在当下"带来的自发性（积极主动性）至少在某些情况下是有益的。这种内在的渴望会变成一种兴趣，而这种兴趣不会是转瞬即逝、昙花一现的海市蜃楼，它会成为某种贯穿人生始末并为你提供动力与养料的重要部分，人生目标也由此而来。

在谈及无论是事业上、体育竞技中还是兴趣爱好方面的成功时，我总能听到这样的声音："能够做自己想做的事可谓是非常幸运。"然而在大多数情况下，我都能用一些事例反驳这样的声音。那些被称作幸运儿的成功人士，往往有着与众不同的优点，无论是刻苦勤奋的拼搏精神、随时准备捕捉机遇的敏锐度，还是发挥想象力为自己创造各种可能并不懈追求的魄力，这一切绝非用"幸运"一词就能概括的。传统意义上的"幸运"其实与那些成功人士毫无关联，反而是下面这些方面成就了他们。

锁定人生目标

许多人自幼就为自己设定了人生目标，然而这些目标却从未由美好的愿景变为真正触手可及的现实。世事变迁向来被当作无法实现目标的借口，那些为成就梦想而原本应该付出的辛勤汗水也似乎从未兑现。梦想是光鲜亮丽的，但努力的过程却没有那么美好。付出多少努力完全取决于你对梦想的渴望程度，那些在辛苦与困难面前妥协让步或另寻出路的人，往往只是因为他们不愿付出太多努力。

为了成功，你需要平衡内心的感受（渴望、动力）与头脑中的谋划（将目标转化为实际行动时的谨慎思考）两者间的轻重。在前进的道路中难免会遇到挫折与险阻，而这些也正是"渴望与动力"的试金石。这一节内容着眼于人生目标的感性方面，即人们内心的渴望与动力。而获取渴望与动力的具体方法（如在实现目标的过程中为自己树立里程碑作为标志）将在下一节"明确前进的方向"中为大家揭晓。在这一节，我将以波音 747 飞行员伯妮丝的亲身经历为基础，对如何锁定人生目标进行详细说明。

伯妮丝的飞行人生

在本书开篇时，我曾向大家介绍过伯妮丝。27 岁时，她就成了欧洲历史上最年轻的女机长并效力于爱尔兰瑞安航空公司。之后，她成为英国维珍航空公司波音 747 客机的飞行员。之所以选伯妮丝作为受访者在于她对梦想的执着追求。六七岁时，小伯妮丝就在心中播种下了长大后希望成为飞行员的梦想的种子，然而命运的无情让她在九岁时经历了丧母之痛。在之后的日子里，伯妮丝的父亲为了抚育三个孩子而忙碌奔波，并且不得不用原本为伯妮丝实现飞行梦想的钱贴补家用。但是，年仅 10 岁的伯妮丝让自己成功坐进了飞机驾驶舱并被允许简单地操作和控制飞机，这让她心中再次燃起了梦想的火光（参见下文"要素一：考验内心的渴望"一节的内容）。

怀揣着飞行梦，伯妮丝进入都柏林大学学习。尽管学生时光丰富多彩，但她没有在校园酒吧等娱乐场所浪费宝贵的时间。伯妮丝很快就在都柏林某商场求得一份销售内衣的兼职工作，为自己未来的飞行课程积攒学费。就这样，直到毕业那天，伯妮丝的父亲才真正意识到她是多么热爱飞行，并且同意资助她完成飞行课程的学习（参见下文"要素二：刻苦努力并吸引他人的注意"一节的内容）。

接着，伯妮丝考取了飞行员驾照，在爱尔兰瑞安航空公司接受培训并驾驶波音 737 客机。在这漫长的培训过程中，她曾遇到许多挫折和磨难，但就像她自己说的那样，幼年失去母亲的经历让任何困难都显得微不足道。从那时起，她就变得更加坚强。

"由于现实生活中只有大约 1% 的飞行员是女性，因此成为一名女飞行员的梦想对我而言可谓是一大挑战。每当我从驾驶舱

走出去时，总有乘客让我帮忙放置衣物或要求送来一杯可乐。在他们眼中，飞机上的女性只可能是空姐。在这种情况下，我必须表现得谦卑且有礼貌，乱发'小姐脾气'是绝对不被允许的。因此我会按照乘客的要求放好他们的衣物或送去一杯可乐。这看上去很轻松，然而，仍有很多人执意认为女性不应该驾驶客机。因此，为了得到他人的认可，我必须做得更好，而不只是以一般水平蒙混过关。"（参见下文"要素三：坚强起来"一节的内容）

"即使成了爱尔兰瑞安航空公司的机长，我依旧十分渴望能去英国维珍航空公司工作，因为英国维珍航空公司的氛围更加吸引我。我曾多次前去应聘，但每次都被无情地拒绝了。我并未因此放弃，而是不停地努力直到他们接纳我。最终，我在最心爱的航空公司负责驾驶波音747客机，自童年时代就扎根于心中的人生目标终于实现了。"（参见下文"要素四：一个目标引领着另一个目标"一节的内容）

现在，让我们摘取整个案例中最关键的四个要素。

要素一：考验内心的渴望

无论怀揣着怎样的人生目标，最重要的就是要知道自己对它到底有多么向往，检验方法就是亲自去体验一次，从实践中得出答案。如果心中的梦想之火仍在熊熊燃烧未曾熄灭，那么你就知道自己具备了突破窘境的动力与冲劲。请记住，在实现梦想的过程中，你的渴望会被不断考验（就像伯妮丝经受的考验一样），因此你需要坚定信心。

在实践过程中，美好的事物往往会变得不那么美好，这意味着你需要经历"梦想照进现实"的过程。这也是为什么对一个希望成为兽医的 15 岁孩子而言，最好的测试方法就是让他利用假期时间去当地兽医店实习。同时，梦想与现实的反差也正好解释了为何每年伊始制定的目标或立下的决心，往往超不过一个月便会被抛在脑后，就像健身俱乐部的会员总是寥寥无几一样（一月份的每天中午，我家附近的游泳池都人满为患，但短短几个星期后人就减少了一半）。俗话说"知易行难"，所有这一切都需要"亲近感"这杆标尺为你衡量，从而做出正确的选择。

要素二：刻苦努力并吸引他人的注意

如果别人看到你严肃而认真地对待自己的梦想，那么他们会心生敬畏之情。因此，请吸引那些能够帮助你的人吧，如果他们还未注意到你对梦想的渴望，那么你要反思自己是否将对梦想的执着追求全部展现给了他们？这种执着与认真体现在你对梦想的全身心投入、刻苦努力、不畏艰难，甚至需要你做出一定的牺牲。如果你曾读过一些成功人士的传记，那么你会发现他们为成功做出过很多辛酸而无奈的牺牲。通往成功的路上几乎没有捷径可循，这也正是对你的执着信念的考验。

要素三：坚强起来

伯妮丝的案例说明，对遇到的挫折持有怎样的看法很重要。在伯妮丝奋斗过程中，与幼年丧母的磨难相比，后来遇到的任何挑战与困境（例如，很多人认为女性是无法成为飞行员的）都显得微不足道。

如果你对困境格外敏感，而又从未有过伯妮丝那样可以用来对比的经历，那么你该如何坚强起来呢？拥有一定的敏感度是好事，如果感觉迟钝，那么你将很难发现通往成功之路上的险阻与机会，同时也无法体会他人的感情，更不用说与他人产生共鸣了，而这些恰恰是获得成功的必要技能。然而，过分敏感又会阻碍你的行动，让你在困难面前踌躇不前。

下面几条建议可以让你变得更加坚强。

- **请记住，自己并非世界的中心**。每个人都有属于自己的世界，因此你不要把遇到的任何事情都映射到自己身上。你应该问问自己："对我而言至关重要的事，也许在别人看来毫无意义。那么我要怎样做才能让别人关心我的需求呢？"答案是，只有多关心他人，他人才能以同样的关心回报你。

- **磨炼耐性和自控力**。世间万物都需要承受时间的考验。未经深思熟虑且意气用事的冲动行为往往是由大脑杏仁核所引发的。诚然，假如我们身在战场，这样的迅速反应是有益无害的（因为你没有那么多时间仔细思考要采取什么行动），但是在生活中的很多时刻，谨慎斟酌往往比一时冲动更容易成事。有些人通过日积月累的经验和感悟，学会了如何调节情绪，而有些人则对此束手无策。其实，在现实生活中，人们因遭受挫折而冲动行事，进而与他人争吵或闹矛盾的现象时有发生；但如果能静下心来多忍耐、多考虑几分钟，那么你会得到截然不同的结果。

- **不要过分计较**。分析和考量很重要，但是精于算计则会让你止步不前。无论如何，请专注于心中的目标，也许你会发现，那些过多考虑的问题其实对实现目标毫无帮助。
- **学会自我安慰**。当你屡受挫折时，自我安慰的作用将会显现出来。自我治愈式的解嘲或安慰可以带你远离消极情绪并激发你重新起程的勇气。下面两个例子可供你借鉴。

"出现这种不尽如人意的情况很正常。我怎能奢求凡事都一帆风顺、毫无挫折呢？现在最重要的是做个深呼吸，让心情平静下来，重新审视并总结失败的原因，同时尽力找出解决方法。"

"虽然这是一个不小的挫折，但是我不会被打倒。我需要仔细思考到底是哪里出错了，并从中吸取教训，以后尽可能避免这种情况再次发生。通过这次经历，我已经加强了对此事的认知。

每个人都会经历挫折，我一定可以突破这个难关。"

要素四：一个目标引领着另一个目标

虽然专注与执着很重要，但是我们的视野也应该更加开阔，积极探索全新的目标。在伯妮丝的案例中，她在实现飞行员的梦想之后，又为自己找到了新的梦想（成为爱尔兰瑞安航空公司的机长和英国维珍航空公司波音 747 客机的驾驶员）。在第 7 章中，我会继续阐释为何一次机会将孕育出更多的机会。

其他人是如何实现目标的

在梦想和雄心壮志面前，人们常常会给自己设置不可逾越的高墙（例如，"我现在还做不到这一点，因为……"）。但对身边的朋友或同事，人们却有着截然相反的态度（例如，"去尝试吧"或"你一定可以做到"）。如果你是 Facebook 网站的用户，那么你很容易就会发现朋友们是如何互相鼓励捧场的（尽管有些鼓励看上去极其表面化甚至有些虚伪）。只要有朋友在身边，你就总能在放弃梦想之前找到迈出第一步的动力和理由。不经过深思熟虑和认真谋划是不可能改善生活、实现人生目标的。想要走在通往成功的道路上，你要满怀信心地对自己说："我一定能行。"

锁定目标——好莱坞式摘要

你也许听说过好莱坞电影的老板要求剧本创作人员和电影制

作者提交 25 个字的电影创意摘要。在这短短的 25 个字摘要的基础上，这些电影领域的权威人士将对电影的制作做出初步决策。电影《异形》（*Alien*）就是 25 个字创意摘要的典型代表。

将这种方式应用于实现目标的过程中（无论目标是大是小），你可以准确锁定目标。你设立的目标必须清晰明确，因为模糊不清的目标意味着你对实现梦想感到不自信。除了明确锁定目标之外，设定合理的目标实现期限也同样重要。下面是三个关于设定目标实现期限的例子：

1. 到 2020 年 1 月，我将有资格驾驶波音 737 客机飞行商业航线了；

2. 到 2022 年 10 月，我将通过西班牙语 A 级测试，同时取得西班牙语学士学位，并且能够用西班牙语与他人轻松交流；

3. 到 2020 年 12 月，我将获得教师资格证，从而正式成为一名全职教师。

请切记，目标的实现期限一定要切合实际而不要好高骛远。运用好莱坞式摘要法，你可以在设立目标直到最终实现目标的过程中找到成功的垫脚石。这些垫脚石也将检验你的目标是否可行，如果设定的期限不合理，那么你应及时做出调整。在"明确前进的方向"一节中，我们将一同探讨如何寻找成功的垫脚石。

极简自律笔记：锁定人生目标

☺ 拥有一个明确的目标并赋予其具体的实现期限。

☺ 确定这个目标能够给你带来动力，让你愿意为之拼搏付出。

☺ 严肃认真地对待目标，因为这样会使他人对你刮目相看，从而愿意助你一臂之力。

☺ 没有付出就没有收获，不去努力拼搏，梦想永远只是幻想。

☺ 遇到挫折和困境，你要有策略地应对。

明确前进的方向

　　拥有前进的方向与拥有明确的人生目标之间的区别是，前者会为你指明前进的方向，后者则看上去有些遥不可及。为了实现人生目标，你需要将这个宏伟目标拆分成一个个小目标，逐个攻破，而这也正是我所提到的"目标的方向"。如果你不愿意设立一个贯穿人生的大目标，那么巧妙利用这些"方向"来设立相应的短期目标也许是合适的选择。

　　设立短期目标能够让你更好地发现机会并将其效用最大化。例如，为了重返校园，你选择成为一名教师，就像上面提到的例子一样——"到2020年12月，我将获得教师资格证，从而正式成为一名全职教师。"由此可见，一旦立下了短期目标，你就会下定决心，努力去实现它。

　　也许，你设立的短期目标是为了应对现实中的某个问题，就如同你希望成为教师的目标可能只是因为现在的工作不尽如人意，或者深感入错了行，没能做到人尽其用。而通过设立短期目标，对工作的消极情绪则会转化为积极的实际行动，从而让你充满斗志，努力改变不满意的现状。然而，想要做到这一点，你必须对这个新目标有很强的认同感，因为认同感能给你带来不断向前的动力和渴望。

如同亚当在本章开始所言，我们的感知也左右着人生的方向：

"我总能知道自己不想做什么，而不是想做什么。以 18 个月为限，如果我对接下来的 18 个月的计划很感兴趣并心向往之，那么我就不会因为无趣感到烦躁或坐立不安。"

本章的主题就取自于亚当所说的这段话。我并不想给大家留下这样的印象：设立目标是一件无比严肃的事情，必须严苛而刻板。对亚当而言，目标只意味着一段 18 个月的时光，在短时间内可以尽情沉浸在感兴趣的事中。对米歇尔而言（如同之前她所说的一样），活在当下才是最重要的，但这并不代表她毫无追求、止步不前：

"我并不知道自己在未来的五年中要做什么，但我大致清楚自己喜欢做什么。换句话说，新的挑战和尝试能够随时激发我的能量，让我充满动力地继续前进。"

极简自律法：
越自律越幸运

不必太看重完美的目标

曾经，我一直执着于寻我所谓的完美。然而，经过岁月的洗礼，现在我终于能够理智地意识到完美的人生蓝图是不存在的。从善如流，遵循世人所公认的价值观才是正确之道。

——格雷格

之所以引用格雷格的这段话，是因为它揭示了与设立目标相关的两个重要因素：一是这段话触及了人们在设立目标时将会承受的失望与挫折，或是在现实工作环境中，这种失望情绪将会带来的影响（评估面试中的压力环节时常会达到这个效果）；二是这段话又一次强调了在追求梦想的过程中认同感的重要性。

专业人士曾一致认为，人们设立的目标应明确而具体。例如，如果从事体育运动，那么你的最终目标应该是夺得冠军、打破纪录，或者跻身于比赛成绩排名的某一位次。然而，格雷格的话告诉我们，即使在竞技体育领域，实现最终目标的方法也是多种多样的。这也清晰地向我们揭示了一个事实：当设立了最终目标后，我们所面对的挑战就是如何实现这个目标。

明确的方向

我知道自己需要鼓舞与激励。在《作曲家》（Melody Maker）杂志上看到一则寻求合作人的广告后，我前去应聘并见到了蒂姆·克劳瑟（Tim Crowther），他明确告诉我应该如何努力。他认可我是一名出色的吉他手，但同时指出我需要进一步学习即兴创作的基本原理和方法，如调式、音阶，以及最重要的一点——如何运用和弦。听过他的点评之后，我决定花一年的时间学习音乐，直至达到能以此为生计的水平。当时，白天我所做的工作枯燥乏味至极，它仿佛正一点点吞噬我的灵魂，因此，我迫不及待地希望自己的人生发生些许改变。为了实现目标，我制订了一份详细而严格的学习计划，同时一丝不苟地照章执行。一年之后，我提交了辞呈，然后真正成了一名专业吉他手。从此，我走上了音乐创作的道路，并且常常能与不同的乐队合作进行现场表演和切磋技艺。

——默

从默的经历可以看出，严格的学习计划帮助他积累了深厚的音乐素养，从而攀登上了全新的音乐之巅。在整个逐梦过程中，第一步要做的就是进行"内心演练"，也就是问问自己："如果我决定要追求这个目标，那么应该分为哪几个步骤去实现它？"当确定好具体步骤后（也可以征求身边专业人士的建议），你应该有针对性地好好规划一番。针对这一节的内容，下面两个例子可供大家参考。

学习一门外语

在第一个例子中，我们将一同研究学习外语的门道。本例涉及的语种为西班牙语。首先，在正式开始学习之前，我们需要确

定自己学习这门外语的意图所在，无论这个目的看上去多么模糊。因为只有带着目的性的学习才能激发无穷的动力。以下几个学习目的可以供大家参考：

1. 在工作中我需要用西班牙语；
2. 我需要通过学习外语来振奋精神；
3. 我希望通过学习西班牙语来进一步了解西班牙的文化和历史；
4. 对外语一窍不通让我觉得很羞愧，学习西班牙语是改变这种局面的良好开端；
5. 我有亲戚是西班牙人，我学习西班牙语是为了和他们更好地交流；
6. 我希望学习一门技能。

无论是以上某一个，还是某几个结合在一起，都可以成为我们学习西班牙语的理由。除了具备目的性，这个学习目标还需要一个时间期限：

"到 2025 年 7 月，我将通过西班牙语 A 级测试，同时取得西班牙语学士学位，并且能够用西班牙语与他人轻松交流。"

现在我们要做的就是制定完善的时间安排来督促自己逐步实现这个目标。具体的时间安排如下所示。

■ 第一年（2020—2021 年）

实际行动：参加本地大学的夜间辅导班。

阶段成就：能够掌握如"你叫什么名字？"此类的基本句式；积累 500 个单词（每周 10 个）；掌握关键动词的一般现在时的用法。

■ 第二年（2021—2022 年）

实际行动：继续参加夜间辅导班；去西班牙游学两周并有意识地只用西班牙语与当地人交流。

阶段成就：继续积累 500 个单词；学习关键动词的一般将来时和一般过去时的用法。

■ 第三年（2022—2023 年）

实际行动：继续参加夜间辅导班，并结合家教的指导（每月请一次私人家教）；再去两次西班牙。

阶段成就：就算不能完全明白，也要读一本原汁原味的西班牙文书籍（放一本字典在手边以便随时查阅）；第一次参加 GCSE/ 国家西班牙语考试（GCSE/national equivalent Spanish exam），并以最高分通过。

■ 第四年（2023—2024 年）

实际行动：参加每隔一周一次的家教课程；每周花 10 个小时学习西班牙语；再去两次西班牙。

阶段成就：参加高级西班牙语模拟考试并顺利通过。

■ 第五年（2024—2025 年）

实际行动：同第四年。

阶段成就：通过高级西班牙语正式考试并取得 A 级或 B 级
（或与之相当的）的好成绩。

通过制定合理的时间表，我们可以游刃有余地掌握自己的行
动和预期取得的阶段成就。然而，这样的时间表不应千篇一律。
由于不同的学习目标和师资投入会带来不同的效果，我无法保证
在现实情况下，时间表的精确度和有效性。总而言之，无论是目
标还是时间计划都应该符合实际情况，做到切实可行。

做一次公开演讲

诚然，学习外语是一个较为远大的目标，需要将其拆分成几
个小目标来实现。然而，下面这个例子所涉及的内容则贯穿了本
书的始末——公开演讲。可以说这是典型的短期目标，因为此次
的公开演讲需在一个月后进行，而演讲者对此毫无信心。

■ 第 1 天：确定演讲的关键内容，并继续"考虑"几天。

■ 第 7 天：开动脑筋思考影响演讲效果的潜在内容（可以
与他人一同商讨）。

■ 第 10 天：写出演讲的框架（围绕支撑主题的三大关键
点），修改并完善素材。

■ 第 15 天：撰写详细的演讲稿。

- 第 20 天：如果需要，准备辅助演讲的演示内容以及其他所需的影像或音频材料。

- 第 25 天：在小范围内模拟演练。预先准备好可能会被提问的问题的答案（与小组成员一同准备）。

- 第 26 天：根据小组成员反馈的意见，对演讲内容和方式进行调整和修改。

- 第 29 天：继续演练。

- 第 30 天：正式做公开演讲。

- 后续环节：搜集他人的反馈意见并记录下来，总结此次演讲出色的地方和亟须改进的地方。

后续环节常常被我们忽视。其实问自己一些问题，如"这次演讲总体情况如何"或"听众有何反馈"，可以有效帮助自己不断进步。请记住，反思与总结是学习过程中必不可少的一部分。

找到一个让你兴奋的奋斗目标

下面几个小建议能够帮助你找到适合自己的奋斗目标：

1. 了解自己，找到自己的兴奋点；

2. 制订能够时刻激励自己的奋斗计划；

3. 成为开拓者：积极发挥创造力和想象力，并搜集有利于完成奋斗计划的点子和机会；

4. 通过有效的人际交往，与他人（尤其是志同道合者）建立牢固的伙伴关系；

5. 寻找更多可能，不要为了一片树叶而放弃整片森林。

找到奋斗目标的关键在于敏锐地发现并利用各种机会，在本书第 7 章中，将会对这一部分内容进行更详尽的阐释。

极简自律笔记：明确前进的方向

☺ 你为自己设立的目标可以是针对某一具体问题，也可以着眼于某一难得的机遇。

☺ 设立的目标和前进的方向必须能够激发你的兴趣，让你渴望去实现这个目标。目标动机可以很好地解释这一点。

☺ 制定明确而合理的时间表，它可以帮助你实时掌握自己的进度。

☺ 清醒地预见到可能会遇到的风险与挫折。

☺ 利用感官判断未来可能会让自己感兴趣的事情。

☺ 尽量不要将自己局限在某个单一的目标上。

活在当下的乐趣

有一个明确的目标引领自己当然最好，但目标也会在一定程度上限制你的视野：在你眼中，唯一的重点就是那个魂牵梦绕的目标，除此之外你全然不理会身边的其他事物。可是你要知道，这个世界远比你心中的那个目标丰富多彩，也许其他事物会更有趣、更重要。

——《太阳的影子》(*The Shadow of the Sun*)

雷沙德·卡普钦斯基（Ryszard Kapuscinski）

你是否也曾被"梦想蒙住双眼"？你是否也曾因为过分专注目标而忽视近在身边的别样风景？如今这个世界变化实在太快，快到足以让你曾经的目标变得过时且意义全无。在这种情况下，原本的那份感天动地的专注与执着，似乎瞬间变成一盆浇灭你内心激情澎湃的冷水。在科技迅猛发展的当今社会，这种情况屡见不鲜。

除此之外，还有第三个理由告诉你不要过分专注于目标。我之前提及的奥运会自行车比赛金牌得主维多利亚·彭德尔顿就曾坦言，她在获得如此大的成就后突然感到无比空虚和失落。有这种落差感的人并不止她一个人，格雷格也认为摘得奥运会桂冠后自己竟然不知该如何庆祝。他们的共同感觉就是"现在还能做些什么呢"。一些心理学家曾提及旅行过程之所以重要是因为只有经历了过程，才能抵达旅行的目的地。西格蒙德·弗洛伊德（Sigmund Freud）曾说过："当蓦然回首时，拼搏的过程往往比最终的胜利更让人愉悦。"很明显，无论是维多利亚·彭德尔顿还是格雷格，他们都很享受"奋斗"的过程。

人生从来都不应该遵循严格限定的轨迹，或者盲目追逐既定

的目标。通过享受生活中那些简单的快乐，你可以更顺利地实现自己的目标。当然，这并不意味着要背弃某些实现目标所必须坚持的基本原则。例如，如果你每天晚上都泡在酒吧里，那么这样肯定无益于你工作业绩的提高。而每周去一次酒吧放松身心、舒缓压力，则是有益无害的。在我看来，如果人们只一门心思、目不斜视地冲向最后的胜利，而完全忽视努力的过程和前进的步伐，那么到最后他们并不能获得真正的快乐和满足感。

在这里，我想向大家传达的信息是，请捕捉并充分享受当下发自内心的、自然的快乐瞬间。这些被捕捉到的"自然瞬间"除了能给你带来快乐之外，还能带你离开一成不变的生活轨道，从而发现生活中很多意想不到的、积极美好的事物。因此，无论你将自己的人生定义为"活在当下"的快意随性，还是需要保持"及时行乐"与"追求梦想"之间平衡和谐的关系，希望以下几个建议能让你真正感悟到此刻生活的美好。

具体的行动

在一成不变的生活中，添加一点不同的调味料往往会让你的生活呈现全新的模样。在第 1 章的调查问卷中，我曾建议大家带着好奇心去居住地的制高点"探险"。我认识一位老人，他对此行动有着自己独到的见解，他坚持每天都去"探险"——在自己所居住的城市里，去寻找一个自己从未到过的地方走走，即使发现的这块"新大陆"只是一间小商店或一条看上去很普通的小巷。这位老人说，到现在为止，他从没有为找不到新地方而发愁，而他居住的小镇也远比自己想象中大许多。

简单的快乐

我想与大家分享积极心理学家马丁·塞利格曼发现的一个简单易行的方法，这个方法能让你每晚都能带着好心情入睡，而不受那些负面情绪的影响。这个方法是：在睡前简单回顾即将过去的一天，找出三件带给你快乐的事（哪怕只是微不足道的小事），再花几分钟时间将它们记在心中。我想再次强调的是，这三件快乐的事可以简单至极：和一位许久没见过面的老朋友在街边喝杯咖啡，闲聊几句；听一首优美的歌曲；回忆一件让自己开怀大笑的往事；与孩子们一起嬉闹玩耍；独自散步。回忆这些小事只是想提醒你，生命中那些最原始且简单的美好，往往不需要费心安排、提前预演。

倾听内心的感受

很多人发现，回忆某种感觉要比回忆某段具体的经历更加容易。你之所以自愿参加某些活动是因为倾听了内心的召唤，去享受这段美好的时光。人生本不该千篇一律、枯燥乏味，想要有所改变，仅仅只需一点放任、一点冲动和遵从内心的感受。请千万不要认为这样做是对生活不负责，从而产生愧疚感。你只需记住，如果不这样做，那么你只能深陷对未来无穷无尽的打算与安

排之中，而无法享受人生当下那份单纯、质朴的美好。

慢下来，品味生活的美好

人们一不小心就会跌入比较模式的怪圈中——想着假期应该去什么地方消磨时光，想着为什么正在吃的这道菜不如以前美味，等等。朋友，请停下来享受当下吧！不要急着去做你喜欢做的事，无论是品尝一道美食（不要再狼吞虎咽、食不知味地一扫而光）还是阅读一本好书（不要只是匆匆翻阅，不求甚解）。

不要纠缠于你力所不及之事

那些致力于宣传正面思想的作家们曾鼓励人们要直面自己的弱点、迎难而上，并且告诉人们只要足够努力，一切困难都会迎刃而解。我并不否认他们的观点，但前提是你必须对需要努力的事有一定的认同感，并且在努力的过程中能真切地看到自己的进步——尽管在工作中或某些情况下，无论我们感兴趣与否，有些事都不得不做，但认同感依然非常重要。

在现实生活中，对于某些你并不擅长的事，也要学会欣然为之。之所以说勉强做一些事只会让你意志消沉，甚至令你的自尊心遭受严重打击，是因为无论是现在还是将来，你对这些事永远都提不起兴趣。对我而言，这样的事是维修汽车或任何 DIY 活动。对于那些永远无法带给你幸福感和成就感的事，你无须再执着。果断放弃，用这些宝贵的时间去做那些使你的人生更加丰富且有意义的事，这才是最为明智的选择。

尝试的不确定性

有些人十分反感含糊不清、模棱两可的感觉，而有些人则希望生活中充满各种未知与不确定性。伯妮丝在接受采访时曾说过："我喜欢尝试新鲜事物，因为我很享受尝试过程中那种不确定性带来的刺激。"但请放心，我保证当她驾驶波音 747 客机时，是不会开这种玩笑的。

有些人能与各种不确定性和谐相处。在他们眼中，尝试新鲜事物能带来两方面的好处：一是可以暂时逃离枯燥的日常琐事；二是通过新的体验，也许会发现自己的另一面，从而探索出一个新的发展方向。请尝试从某一时间段内的模糊性试验中获得进步，接下来为更大的进步制订一个清晰可行的计划。因此，你要认识到，所谓"活在当下"并非每日虚度光阴、挥霍度日，而是既着眼于此时此刻，又不忘前方的目标。

享受放空的时光

哦！终于谈到最后这个建议了。在本书中，绝大部分篇幅都是围绕成功、积极性和实际行动展开的，但这个建议则会告诉你，享受放空的时光同样重要。偶尔给自己一点放空的时间，用一个小时的时间舒服地窝在沙发上，什么也不做，什么也不想。关掉电视、笔记本电脑、手机、切断网络，打开一盏光线柔和的

台灯，静静享受此刻的安宁，想象着一切烦恼和压力都随着绵长的呼吸渐渐离自己远去。

极简自律笔记：活在当下的乐趣

☺ 学会享受片刻的放空时光。

☺ 学会倾听内心的召唤。

☺ 学会抓住生活中那些转瞬即逝的简单快乐。

☺ 学会偶尔让理性听命于感性。

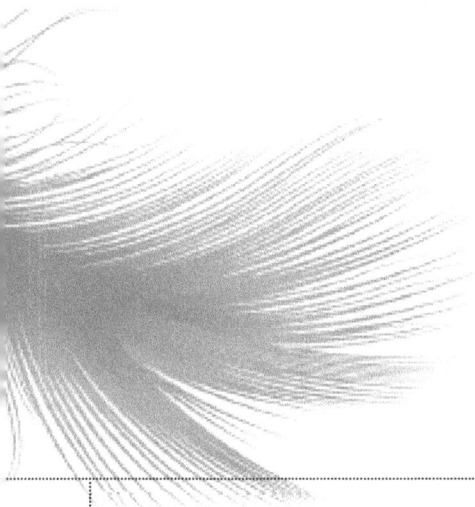

第**6**章

自律帮助你创造优质的人际关系

无论参与何种形式的交流活动，能够发现并领会他人观点的能力都显得至关重要。坦白来讲，许多人在这方面能力的欠缺常常到了让我瞠目结舌的地步。举一个最普通的例子：在与他人交流时，人们很难意识到自己言语间所表达的晦涩难懂的行话，而对这些细节的忽略会让听者感到自己的观点和态度未被理解和重视。

——亚当

极简自律法：
越自律越幸运

　　本章的重点在于了解你周围的人，以及你与他们之间和谐相处的方法。请不要误会，我并非要教你如何操纵、欺骗或强迫他人按照你的意愿行事。同样，本章也无法让你瞬间变成魅力四射的"万人迷"。我们每个人都是社会群体中的一员，因而在做任何事时都无法完全脱离他人。如果你希望有所成就，或者实现自己的既定目标，那么就请多加重视并好好经营自己的人际关系吧！

　　你要以友善、认同的眼光看待周围的人——尽量把他人当作是和自己在一个战壕里的"战友"，而不是对你万般刁难的"敌人"。当然，绝大多数人都不会极端到把别人看作绊脚石（尽管有些人真的是讨厌至极），但是我们仍需要更加积极地与他人建立和谐、友好的人际关系。众所周知，建立良好的人际关系将为我们的工作和生活带来意想不到的好处。

　　如何才能与他人建立良性的互动关系呢？我们在他人心中的印象又是怎样的呢？带着这些问题，让我们一同研究有关人际关系的奥秘。除此之外，我们还会一起讨论如何与那些自己不喜欢的人和平相处。在我看来，能否与这类人和平相处将是决定一个人成功与否的一大关键因素。

　　之后，我会教授两个社交小技巧——构建人际关系和制造影响力。在本章结束前，我还会和大家一同探讨应该如何正确对待自己春风得意的时刻。而另一个重要话题则是我们该如何看待成功。让我们怀揣着对他人的爱与善意，一同开始学习本章的内容吧。

"来而不往非礼也"

在我们这个星球上生活着 70 亿人，每个人作为独一无二的个体，都有着与众不同的世界观与处世之道。如果你想要与他人建立良好的人际关系，那么就要积极地站在他人的角度想问题。为什么这样说呢？原因在于，作为人类，无论从情感方面还是人的本性方面，你都希望自己的心声得到聆听、想法得到称赞、信仰得到认同、需求得到重视。总而言之，你希望成为全世界关注的焦点。

然而你是否想过，自己所期盼的不也正是他人所希望的吗？更何况，世界上没有一个人能够生活在密闭的环境中，断绝与他人的所有联系。因此，只有学会如何设身处地地为他人着想，你才能与他人融洽相处。而在现实生活中，他人的帮助与支持也正是你获得成功、实现愿望的一大关键因素。

另外，通过细心地观察和了解他人，你还能更好地调整自己对他人的期许，做到既不空抱幻想，也不轻易低估（尽管大部分人的心思往往难以猜测）。

走进他人的世界

积极主动地关心他人的需求、想法、感受和信仰是每个人都

应做到的，它甚至会影响其他几种重要的个人素质，如决断力、影响力、沟通能力和人际交往能力。

当你向他人示好并表示愿意与之交往的兴趣时，对方不仅会被你的表示吸引，还会欣然接受你的好意并予以同样友好的回应。因为他人能够感知到你对与其交往感兴趣，而且你还是那个能理解其内心需求与兴趣的知己。在谈判会议上，这种情况屡见不鲜，尤其在双方因意见分歧而僵持不下、互不妥协时，如果能够了解对方的背景和利益需求，那么你就将占据更为有利的位置，从而快速提出令双方满意的解决方案。

更进一步，你会发现把将心比心、换位思考的真诚态度带入与他人交往的过程中，能够更好地感染他人并与其进行顺畅而高效的沟通，进而顺利地开展各类人际交往活动。其中的原因就在于你已经深谙他人的心理，懂得他人真正的需求并有的放矢地予以满足。

除此之外，想要真正走进他人的世界，你还需要掌握一个核心技能，那就是学会如何比常人更加专注且投入地倾听他人的观点。如果缺少这项技能，那么你也许永远无法与他人建立融洽的人际关系。

专注地倾听

现在请仔细思考一下，到底是什么原因让你无法做到专注地倾听呢？我总结了以下几个原因：

1. 他人所说的内容很无聊；

2. 你走神了；

3. 你感觉很疲惫；

4. 你还有其他更重要的事需要处理；

5. 你倍感压力；

6. 你有更加有趣的内容想与大家分享；

7. 你强烈反对他人提出的观点。

在现实生活中，无论以上哪种说辞都只会带来一种结果，那就是你将渐渐不再关注正在进行的对话，或者说是"身未动心已远"。那么你的思绪飘到哪里去了呢？也许是：

1. 组织语言准备接下来的发言——既然听不下去，那就索性不听了，还不如用这个时间想想自己要如何发言；

2. 完全在考虑毫不相干的事情（比如今天晚上要做些什么）。

接下来，让我进一步解释为何上面提到的"倾听障碍"条目中会出现以下两项：

1. 你有更加有趣的内容想与大家分享；

2. 你强烈反对他人提出的观点。

原因在于，在第一项中，你认为自己的观点更加有趣，很想马上与大家分享，那么此刻你当然早已没心思倾听他人的发言；

在第二项中，无论你正准备驳斥他人提出的观点，还是仅仅表示自己不敢苟同，你都已经不再关注当下的发言了。

我还想解释"你走神了"这个借口存在的原因，只要我们没在听他人的发言，无论原因是"很无聊""感到疲惫""倍感压力"，还是"还有其他更重要的事需要处理"，结果都是"走神"。

为了避免以上情况的发生，你要学会如何"专注地倾听"（"主动式倾听"或"创造式倾听"）。虽然听那些让你感到乏味的话题或不敢苟同的观点实在让人痛苦，但现实是你别无选择，即便你早就想夺门而出，也必须耐住性子继续"洗耳恭听"。

有一点需要大家注意，那就是频繁而深层的内心活动将使你愈发无法聚精会神地倾听他人的发言。因此，我要向大家介绍的技巧就是如何把心中的杂念暂置一旁，让思绪重新回到他人所讲的内容上。下面对这个技巧进行具体的解释。

1. 不要总想用自己的观点来改进他人的发言。

2. 当你不认同他人提出的观点时，不妨问问自己："这其实是一个很有趣的观点，为何我不能认同呢？"或者"为何我从没有想到这一点呢？"当然，在某些极端的情况下，如果他人在道德层面大放厥词，那么你也许会按捺不住想要立刻拂袖而去（言语攻击或挑衅同样会让你如此气愤），这的确无可厚非。

3. 询问并回顾自己听到的内容。这样做不仅能够检验自己对他人的发言的理解程度，还可以让自己的精神一直保持集中，不会被其他事分心。你可以这样询问他人："我想确认自己是否明白刚才您所讲的内容，请问您的意思是不是……"

4. 适时点头并简单附和几句以鼓励他人继续说下去，从而表现出你正在专注地倾听。你可以这样问："你当时对此作何反应呢？"或者"你的想法是怎样的呢？"又或者直接表现出自己对他人的发言很感兴趣，说："请您继续说下去，这实在太有意思了。"

5. 在交流过程中请适当使用身体语言。正面而积极的身体语言将对发言者产生显著的影响。更重要的是，身体语言也会对你自己产生微妙的影响，那就是让你积极融入发言的内容中。

6. 允许交谈过程中出现短暂的停顿。由于地域文化的区别，西方人往往不能容忍对话中有停顿或间断。与之相反，东方人往往能接受短时间的沉默或中断。在我看来，利用几秒钟的沉默空隙来思考刚刚听到的内容是一个不错的选择，你甚至可以直接提议发言者稍作停顿，这不仅可以帮助你更好地理解发言的内容，还传达给发言者一个信号：我在很用心地听。

7. 如果你不得不和一个十分无趣的人交谈，或是他人在发言时只顾不停地说，丝毫不顾及你的感受，那么你需要用委婉的方式或褒奖的措辞适时打断对方，以便找回让自己舒

适的节奏。你可以说："不好意思，打断您一下，刚才您所讲的内容实在太有趣了，我也想说说自己的经历……"或者仅仅复述一遍对方讲的话："我想斗胆对您刚才所讲的内容作一个小结，您的观点是……"

回顾本节有关"专注地倾听"的内容你会发现，恰如其分的提问可以引发你对发言内容进行更有针对性的思考，同时也将推动整个发言的进程。一个人提出的问题往往会暴露其观点，或者引出一段见闻、一句评论，甚至是与发言者截然相反的观点。因此，让他人形成怎样的想法、需求、感受或信念完全取决于你的意愿与行动。我还想要强调一点，如果你能够真诚地表现出对他人的兴趣与期待，那么你也将因此赢得更多关注，而这也正是人际交往中的"来而不往非礼也"法则。

合理的期望

身为管理者的米歇尔，对身边的人有着自己独到而有趣的见解，她是这样描述的："我会要求每个人付出100%的努力，但我并不会苛求他们都得到100%的成果。"由此可见，在米歇尔眼中每个人都是与众不同的。这也告诉我们要基于对他人的了解来适当调整自己对其所抱有的期望。

当你对一个人十分了解时，你就能理解他在不同情况下所做的各种反应与行为，也就不会以"一刀切"的刻板方式对待他。

让我来举个例子帮助你更好地理解。假设你希望给团队的一位成员提出一些忠告，但对方是一个固执己见、很难接受别人善意建议的人（也许是因为他缺乏自信，或是误把反馈当作诟病）。因此，如果你直言不讳，那么很有可能会让他大为恼火。此时你需要稍稍调整自己的表达方式，先赞扬他的出色之处，继而再提出改进建议。这种方法不仅可以让你避免惹恼对方，还可以帮助他提高自信并耐心听取你的建议。

格雷格曾告诉我，当他回顾 2000 年奥运会的经历时悟出了一个道理，那就是要学会换位思考，即站在他人的立场看问题。

"参加 2000 年奥运会比赛时，同船队友艾德·库德在比赛经验方面稍逊我一筹，而这让我颇有微词。因此每当赛况不乐观时，我就会质疑他的能力，甚至责备他。现在看来，正是我的轻视与不信任大大打击了他的自信心，导致最后的比赛结果十分糟糕。在经历了这次事情后，我深刻地反省了自己与他人相处的方式，并且逐渐懂得了无论如何也不能放弃团队精神。"

80：15：5 的学问

在所遇到的人中，我们可以与其中大约 80% 的人建立起积极愉快、互利互助的人际关系。然而，有 5% 的人，无论我们怎样努力都无法与他和谐相处。对于后者，简单的应对方法是暂时不理会，但彻底摆脱他们或许才是首选之策。

下面我将要谈论的是剩下 15% 的人。虽然这类人有些难搞定，但是仍然值得你投入时间与精力来改进与他们之间的关系。原因很简单，那就是这样做对双方都有利。

你可能会问："我怎样才能区分 5% 与 15% 这两类人呢？"答案也许会让你有点失望，那就是一开始你确实无法判断。因此，很多人索性给所有难相处的人贴上"讨厌鬼"的标签，然后果断地一并放弃。然而，只有你付出真心，努力与这 20% 的人沟通后，才能进一步区分出这两类人。15% 的人群是"虽然有点难搞定，但并非完全没有可能"，而 5% 的人群则是"我不愿与他们有任何关系"。

你也许对 15% 这类人并无好感，更谈不上亲近，但如果你愿意与他们进行沟通，往往会得到意想不到的结果。正如那句老话所说："来而不往非礼也。"如果你付出真心"投之以桃"，那么对方自然也会"报之以李"。

与 15% 的群体的相处之道

这"15%"的群体通常由以下几类人组成：

1. 让你缺乏信任感的人；

2. 常常与你"唱反调"的人；

3. 对你态度"时阴时晴"的人；

4. 视你为竞争对手的人；

5. 争强好胜且具有攻击性的人（如经常通过提高嗓音来震慑他人）；

6. 当你需要帮助时却不予援手的人。

运用下面介绍的"七步流程法"，你将会更加自如地与这15% 的人友好相处、互利互助。这个方法包括七个步骤，下面的流程图会引导你从最初（"我所面临的问题"）走到最后（"形成有效的解决方案"），其中每个步骤都经过提炼和总结，具体内容如下所示：

步骤 1：我所面临的问题是什么

第一步就是要确定并评估你所遇到的问题。在这一阶段，问题可以用简单的语句概括，例如，"她对我的态度很凶"或"当我需要帮助时，他好像并不愿意施以援手"。

步骤 2：何以证明问题确实存在

接下来，你需要寻找具体的实例来证明问题确实存在，同时问问自己"此类问题经常出现吗"或"是否仅在某些特殊情况下才发生（也许只出现在你独自一人时，或者身处团队时）"。基于对证据更加细致的观察和了解，你将对问题形成全新的认识。

步骤 3：只有我面临这个问题吗

有时候，当与某人相处不愉快时，你常常会自怨自艾，仿佛全世界只有自己是那个倒霉的人。有时候这种感觉很强烈，而有时候这种感觉又很模糊。此时，你不妨换一个方式，设身处地地站在他人的角度看待这个问题。

如果你与他人面临着同样的难题，那么你们可以一起商量以找出切实可行的解决方案。但在下文中，假设你现在面临的是个人问题，请继续完成接下来的几个步骤。

步骤4：列举观察到的细节

这些例证既要具体又要有代表性，而不只是基于某些捕风捉影的传闻，或者对他人性格品性的揣测和臆断。因此，你不能向他人抱怨："你总是对我很凶。"如果是这样，那你们很可能立刻陷入"不，我没有！""不，你就是这样！"的循环争辩中。正确的做法是，你需要列举一些具体的实例，来证明他人的态度确实恶劣。

步骤5：引发问题的原因是什么

有些人之所以难相处，往往存在一些特殊原因。当然，如果对方的刁难或敌意只针对你，那么你需要站在对方的角度考虑一下原因所在。也许是因为对方不喜欢你，或者在对方眼中你是一个不值得信赖的人。同时，你也要对自己坦诚——想想自己是否做过一些令对方伤心的事情？如果对方抓住你曾经的过失不依不饶，并因此总与你"唱反调"，那么你要保持宽大的胸怀，不要被任何先入为主的成见和个人情绪蒙蔽双眼，从而阻碍之后的沟通。

步骤 6：准备反馈意见

请记住，只有有具体实例支撑的反馈意见才能听上去言之有物，并让人愿意接受。将这些实例准备好（参见步骤 4），同时做好心理准备，你可以这样告诉自己："我知道，这次对话将会进行得异常艰难，但我已经做好了充分的准备。虽然他们有权为自己的行为辩护，但是我同样有权阐述自己的观点，说明为何我认定他们的说法不对。尽管这次对话可能会充满'刀光剑影'，我还是坚信自己能够从容应对。无论他们是强词夺理、顾左右而言他，还是恼羞成怒，我都要顶住压力，坚持说出事实和真相，并且控制好自己的情绪，做到不骄不躁、波澜不惊。"

步骤 7：提出反馈意见并形成解决方案

反馈意见需要有具体的实例作为支撑，这些具体实例应包括对方的不当行为对自己或团队造成的影响，你可以这样说："约翰 / 简，虽然这会让你感到不舒服，但是我仍想跟你谈谈。最近几次与你相处时，我总是感到很不自在。比如那天你说的 / 做的 ××× 就让我觉得很 ×××。还有一次你说 ××× 时，也让我感到 ×××。我深深地觉得，无论出于何种原因，你都不愿像帮助其他人那样帮助我，这让我感到既沮丧又困惑。"

另外，即使你对对方的言行有自己的理解（参见步骤 5），也不要替对方找借口。

你还要注意一点，不要奢求对方立刻给出回应。当对方情绪

极简自律法：
越自律越幸运

激动时，无论是火冒三丈还是泪眼婆娑，你都不要打断或压制他们此刻的情绪，不如让他畅快宣泄，否则，情况只会变得更糟。

虽然你希望双方能够达成一致的意见，但是如果对方犹豫再三，不能马上做出回应，那么你也应予以理解。在这种情况下，你需要换位思考，假设自己遇到了同样问题，是否也会仔细斟酌一番。在"创造影响力"一节中，我将利用这个"七步流程法"向大家介绍一个关于有效解决信任危机的真实案例。

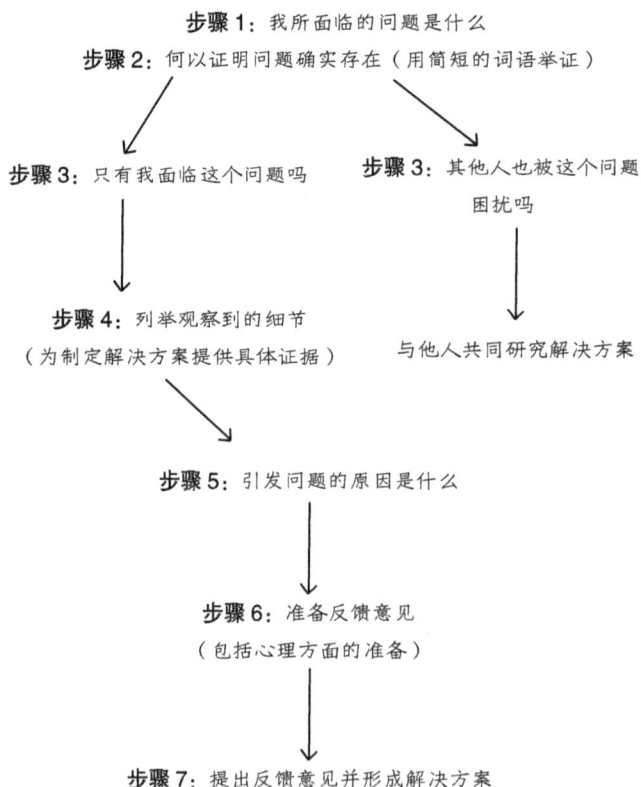

步骤 1：我所面临的问题是什么

步骤 2：何以证明问题确实存在（用简短的词语举证）

步骤 3：只有我面临这个问题吗

步骤 3：其他人也被这个问题困扰吗

步骤 4：列举观察到的细节（为制定解决方案提供具体证据）

与他人共同研究解决方案

步骤 5：引发问题的原因是什么

步骤 6：准备反馈意见（包括心理方面的准备）

步骤 7：提出反馈意见并形成解决方案

极简自律笔记："来而不往非礼也"

☺ 请记住，在我们这个星球上生活着70亿人，每个人都有不相同的脾气和喜好。

☺ 专注而投入地倾听与适时的提问可以帮助你更好地了解他人的内心世界。

☺ 这个世界上只有很少一部分人是无论你付出多少努力，都无法与其融洽相处的。不要担心也无须为此浪费心力，你要做的就是尽量不与这类人产生交集，躲之避之即可万事大吉。

☺ 对于15%的人群，只要做好与他们打交道的准备，并付出努力，你就会收获有益于双方的人际关系——即使你们只是泛泛之交。

☺ 当你因某人的言行不当而与其发生矛盾时，请合理运用"七步流程法"帮助自己解决问题。

构建人际关系

与人交往对我而言是一件快乐的事。

——亚当

关于"社交"一词，常常会有许多不实的言论被人们广泛流传。人们对那些社交高手的传统印象无非是推杯换盏、握手致意，或是用精准独到的眼光发现可为自己所用之人。这些先入为主的成见都给"社交"留下了一个不好的名声。

然而近些年，受以下三大因素的影响，"社交"一词的内涵发生了显著变化。

1. 在 21 世纪，社交人士是人际关系的"构建者"，而非关系资源的"利用者"。

2. 随着个性化社交工具的出现，一种对"社交"的全新解读由此产生。这些社交工具带来的影响有好有坏，完全取决于你的使用是否恰当。

3. 如果你就职于一家等级制度森严的企业，那么事业的成功很大程度上取决于你处理上下级关系的能力。具有现代意识的企业更加看重互相肯定与赞扬的氛围，因此通过社交与他人建立关系的方式变得无比重要。

在面对面的社交场合中，倾听与提问的技巧是出色的交际者所必备的技能。然而，下面我们所涉及的重点是从哲学层面探究具备哪些个人素质有助于你成为社交达人。如果你觉得自己缺乏这些个人素质或能力（也有可能你的个人条件非常出色），我还会借用第 2 章中介绍的 SID 模型，鼓励和帮助你成为一个积极主动的社交达人。

社交达人必备的素质

正所谓"八仙过海，各显神通"，每个社交达人都有自己的独门"必杀技"，但他们也有一些被大家公认的个人素质。下面我们将一一了解这些重要的必备素质。除此之外，我还会结合社交达人亚当的点评以加深大家的理解。作为一名经验丰富的社交达人，亚当的观察力和判断力极其敏锐，他能够清楚地告诉自己社交究竟意味着什么，以及如何积极有效地构建人际关系。因此，他的建议将成为你踏上社交之路前，重要的忠告与引导。

你对待他人的态度

有些人时刻想着如何"利用"他人来达到自己的目的，还有些人则抱着坦诚、乐观、互相帮助的态度与他人交往。事实上，社交达人绝非那些费尽心机要利用他人的短视者，他们看重的是建立一段长期而稳定的交往关系，而不是纠结于这种关系是否会带来一时的利益。

理解互惠

有些特殊的机会会让人与人之间产生相互支持继而互惠的关系。例如，朋友之间，长期的友谊也许会在使你本人受惠的同时也惠及你的朋友，但不能保证你所交的每个朋友都能使你得到好处（而你确实也不该有这种奢望）。但是对那些成功建立了自己朋友圈的人来说，往往都期望能从朋友身上获得与投入相当的回报。以亚当为例，他得到的回报是工作中所需要的源源不断的创造力。

"为什么在我看来成功（获得源源不断的创造力）的关键从某种程度上来讲是一种数字游戏呢？当你的朋友圈足够大，想象一下朋友圈中朋友的数量大到使你有机会在恰当的时间向恰当的人提出恰当的问题，或者使你有可能与恰当的人或想法建立联系。创造力的本质对我来说就是建立联系——这种'联系'既包含想法与想法之间的联系，也包含人与人之间的联系。此外，我认为发现并抓住机遇本身也是创造力的一种形式。从这个意义上来讲，你一定想寻找发生各种有趣联系的可能性，同时也在不停地寻找机遇。"

同时，你还应抱有一种无私的、利他主义的心态，亚当对这一点是这样解释的：

"我最热衷的事情就是把原本毫无关联的人聚集到一起，通过社交活动使他们之间产生某种对双方都有益的联系。从某种意义上讲，社交就是关系资源的合理搭配，甚至可以将其比喻为找寻'另一半'的过程。我记得自己曾读过安德鲁·布列顿（André Breton）的一本名为《超现实主义者的宣言》（*Surrealist Manifesto*）的著作。在书中，作者谈论了令人既惊喜又兴奋的各种联系，他告诉我一条受益终生的忠告——当原本看似毫无关联的两个事物相互碰撞时，往往会让你得到出乎意料的惊喜，就好像放电的两极能量越大，产生的火花就越大。"

行动派

你是否在培养人际关系方面积极地投入时间与精力呢？尽管

对自己没有明显或一时的好处，社交达人还是愿意投入时间与精力去帮助他人，因为他们知道此刻的付出与投入会在不远的将来收获回报。他们努力使自己成为长期关系的构建者，而不是利用他人来获得一时利益的短视者。

条理分明

成功的社交人士对不同的朋友圈有着清晰的认识，他们知道自己与朋友圈中的一些人联系紧密、相互扶持；而另一些人虽然看上去略有距离感，但是在自己需要帮助时，他们同样会热心地施以援手。

善于沟通

你是否对身边同事、朋友的生活感到好奇？那就好好利用上一节介绍的倾听与提问技巧吧！坦白来讲，有些人的沟通水平需要得到提高。社交达人亚当也曾面临着沟通水平不高的问题，但通过长时间的观察与学习，他已经取得显著进步。

"与人交往对我而言是一件快乐的事。实际上，我并不是一个天生性格外向的人，但与 20 多岁时相比，我已经改变了很多。有一部分原因在于我的妻子是一个开朗健谈的人，与她结婚后我就经常观察她是如何兴致勃勃、滔滔不绝地谈论身边的人以及他们的故事的。"

主动出击

成功的社交人士会在交际场合主动与他人进行沟通。有些人认为做到这一点很困难，因为他们觉得自己无法就各种行业信息、时政要闻与他人侃侃而谈。假设你走进了一间能容纳 200 人的大房间却发现不认识里面的任何人时，要你立刻与他们熟悉起来，确实有点难度。我将在下文的 SID 模型中进一步讨论如何解决这个有点尴尬的问题。

善于维护

成功的社交人士会有意识地维护自己的人际关系，并随时对其进行维护与更新。亚当的话能够很好地解释维护人际关系的重要意义：

"我认为，绝不能让惰性影响自己与他人的友情。也许我和某位朋友两三年没有见面了，但如果有机会，我一定会主动拜访他，与他联络感情。当然，即使不见面，我也会尽自己所能，与他保持联系。悉心维护人际关系是一件既有意义又有趣的事，你的付出一定会得到回报。因此，请开心地享受与朋友们的每一次联系与相见吧！"

做一个主动出击的社交达人

在各种会议场合或公司年会上的交际十分重要，但这也会让一些人感到很不自在。对一些人而言，信步走进一间坐满陌生人的房间，与他们认识并交谈，并不算什么难事；但对另一些人而言，这却像登天一样困难。如果你恰巧属于后者，那么可以好好利用 SID 模型（与自我的积极对话）来做好应对这种状况的心理准备。SID 模型分为以下六步，在每个步骤中，我将对刚才提到的这种情况给出具体的解决办法。

步骤 1：具体情况（S）

了解你所能预见到的困难。

• "与陌生人交谈。"

步骤 2：特殊性（S）

对于眼前的困难，是什么让你感到焦虑？

• "我不知道如何开始做自我介绍才能给大家留下深刻的印象。人们好像并不愿意与我交谈，而我也不能忍受眼前这个说话滔滔不绝的人！"

步骤 3：重要意义（S）

清楚了解情绪与感受是如何影响你的行为的。你是否对某件事感到紧张或胆怯？这种情绪带来的影响又是怎样的？

• "我的行为举止将反映出我的内心活动。在做自我介绍时如果我磕磕巴巴，或者表达思路不清晰，那么这表示我很紧张甚至不知道在说些什么。"

步骤 4：暗示性（1）

具备一定的现实主义精神很重要。首先，你要问问自己，最坏的情况真的会发生吗？其次，你要明白，过分纠结于往事会对你之后的行为造成不良影响。换句话说，你心中暗示的一切都有可能成为被应验的预言。

- "如果我排斥当下的社交环境，不愿意与他人进行过多沟通，那么我真实的内心想法会通过行为举止，如含糊不清的嗓音、躲闪的目光等反映出来。这样一来，原本担心的事也许真的会发生。"

步骤 5：调查研究（1）

调查研究能够让你了解当下的真实情况，同时将负面情绪转化为正面情绪。下面的一系列问题与回答也许可以给你提供一些思路。

- "我曾经遇到过这样的情况吗？"
- "这是我第一次遇到这么难搞定的情况，所以只能靠'借酒浇愁'来舒缓压力了。"
- "我是否总想到那些最坏的情况，并且认定自己每次都会是最倒霉的那个人？"
- "实际上，类似的情况屡见不鲜。我和真正有趣且健谈的人见面的次数并不多，回想起来也就只有一两次聊得意犹未尽。大多数时间，不是我觉得对方沉闷无趣，就是对方对我不感兴趣。因此，我不能悲观地认为当下的情况糟糕至极，而应该轻松应对。"

现在，你的内心也许已经趋于平静了，可以进一步考虑步骤2中提到的内容。

1. "我不知道如何开始做自我介绍才能给大家留下深刻的印象。"针对这个问题，我有如下建议供你参考。

   - 通常情况下，人们会通过最开始的 5 ~ 30 秒的接触，在头脑中迅速形成对你的第一印象。虽然这种最初的印象并不真实可靠，但是它在人们心目中的地位却很难被动摇。因此，请你在进行自我介绍前，仔细斟酌想要给他人留下怎样的印象，并做好相应的准备。

   - 通过主动伸手并走向对方的动作来缩短你与他人的距离。相信我，将手主动伸向对方的举动一定会为你带来意想不到的惊喜。请你注意，握手时请控制好力度，千万不要过分用力。除此之外，你还要牢记对方的姓名，以示对对方的尊敬与重视。

   - 在进行自我介绍时，不妨以"我叫 ×××"作为开场白，这样可以使自己更为自信和从容。之后再简单地介绍自己的背景。总之，清晰而自然地说出开场白，可以有效缓解你内心的紧张感。

极简自律法：
越自律越幸运

— 简短的自我介绍结束后，你要将交谈的重心转向对方（还记得"倾听与提问"的技巧吗？这可是一个让你受益终生的技巧）。成功的社交人士从来不会过多地谈论自身情况或观点（除非被问到），而是将话语权交给对方。

— 请准备一些暖场话题，它们将在大型社交场合中发挥神奇的作用。这些暖场话题可以是"让我们四处走走，看看其他人在做什么，好吗""你今天过得怎么样""最近有什么让你特别感兴趣的事吗""你从事什么职业"，等等。

— 为表示礼貌，请与对方保持一定的距离，不要表现得过分亲近。

— 保持目光的交流，但不要一直盯着对方的眼睛，这样做不但会让对方感到有压力，而且会显得你不懂礼貌。

— 随时保持礼貌而适度的笑容。

2. "人们好像不愿意与我交谈。"人们都愿意谈论自己，所以与其一直把谈话的重心放在自己身上，不如引导对方多说一些。当你觉得对方所说的内容实在无趣，或者察觉到他也感到无聊乏味时（信号之一：对方与你缺乏眼神交流），是时候换你来主导谈话了。

3. "我实在受不了眼前这个无聊的人了！"当遇到这种情况时，你的内心活动可能是这样的："现实一点！我不能期盼与每个人都相处甚欢。想要躲开眼前这个无趣的人，我必须结束这段对话，同时要保持礼貌，不让对方感到不快。我可以说'盖瑞，能认识你真的很高兴。但我现在想去餐台取一些吃的，一会儿再聊'或'不好意思，我现在需要去找另外几位朋友，我们一定要经常保持联系'。如果双方本来就话不投机，那么当我这么说时，对方可能也会松一口气。尽管如此，我仍会把他介绍给其他朋友，也许他们会性情相投。如果此时旁边有更多的人在一起谈天说地，那么我会向对方提议说：'那边看上去很热闹，我们过去看看吧！'"

小提示：即使你与某人十分投缘，也不要把所有时间都花在一个人身上。换言之，在社交活动中请尽可能与更多的人接触。

步骤6：动力与激情（D）

当你战胜恐惧并想出克服困难的对策时，你就被赋予了无穷的动力与激情。

- "我认为，调整自己对社交这件事的态度非常重要。我要保持自信，并让他人感觉到我的友善及想与其交往的愿望。如果我感到无聊，或者察觉到对方也深感无趣，那么我应该想一个合适而不冒犯对方的借口脱身。实际上，即使心中有些紧张，也不会影响我参与社交活动的激动心情。"

极简自律笔记：构建人际关系

☺ 视他人为生活的中心。

☺ 在社交场合中，你要善于利用倾听与提问的技巧。

☺ 做人际关系的"构建者"，而非关系资源的"利用者"。

☺ 随时维护你的人际关系，不要与他人断了联系。

☺ 积极拓展人际关系中的关系资源。

☺ 在社交场合中，即使你感到紧张，也请保持声音自信且洪亮。

交谈中请尽量让对方畅所欲言，同时克制住你总想谈论自己的欲望。

创造影响力

在工作中，你很清楚自己在哪些方面具有掌控力，但却很难判定自己是否具有影响力。掌控力与影响力两者之间的区别是，在掌控下，人们的积极性和配合度都不高；而通过影响力，却可以极大地提高人们的积极性和配合度。

所谓影响力，可以说是一种意识状态。做相同或相似工作的两个人可能对自己的影响力的认识截然不同。在回答"在工作中你的影响力有多大"这个问题时，他们也只能基于自己对待他人的方式，非常主观地回答。

你想知道自己的影响力如何吗？请你仔细思考以下问题。首先，想想到目前为止你能影响哪些人；然后，再想想哪些人是你希望影响但还无法影响到的。

当你通过彰显某种特殊的能力、权势或地位等"硬实力"（如身为队长或经理）而打造个人影响力时，你也就失去了他人对你的"软实力"（如信赖感和可信度）的认可。事实上，"软实力"更加重要，况且大多数人并没有明显的"硬实力"方面的优势。

在许多事上我们都需要他人的参与和帮助，因此他人的作用不可小觑。"成功女神最先垂青的幸运儿，正是那些愿意为构建良好人际关系付出努力的人。"如果你明白这个道理并身体力行，那么你就会发现在没有任何强制要求的情况下，身边的人会自然而然地与你为伍甚至为你效劳。原因很简单，正因为是"你"，他们才会心甘情愿地付出。

与操纵和强制的情况不同，这是人们更加自然、自发的反应。想要达到这一点，不仅需要时间积累以及处处用心，同时也需要你对自身的影响力、可靠性方面进行塑造与培养。

因信任感与可靠性带来的个人影响力，赋予了你这方面的"软实力"。尽管在某些特定情况下，你也可以通过其他方法塑造自身的影响力——例如，经理可在行使管理职责时塑造影响力——然而，"软实力"是每人都可以获得的，无论你扮演着怎样的社会角色，也无论你是否具备突出的"硬实力"。

下面列举的三种方法可以有效提升你的影响力。

1. 使身边的人变得更好，促使他们认真履行自己的职责，扮

演好相应的社会角色。虽然刚开始他们不太信任你，但是你的亲和力和善意最终会让他们信服。

2. 通过坚持不懈的努力，化平庸为优秀，提升自身的价值。本书第 4 章中注重细节的重要性将在此得以体现。

3. 不要给任何人留下"容易走神，精神不集中"的不好印象。这意味着在工作中你不能查收私人邮件，或者浏览与工作无关的网页。

有时候这些小建议的确可以帮助你更好地塑造自身的影响力。但由于人们总是很健忘，也许他们很快就会把你曾经给予的帮助或努力忘得一干二净。尽管如此，你还是要坚持下去，这样才能真正成为具有影响力的人。

信赖感

有时候，仅靠权宜之计来解决问题是远远不够的。想要真正做成一件事，你需要投入大量的时间与精力，并付出不懈的努力。同样，他人对你的信赖也并非朝夕可得，这一切将取决于他人对你的判断而并非你对自己的宣传与掩饰。如果你生硬地向别人表白："请相信我，我是一个值得信赖的人。"那么反而会弄巧成拙。然而，是否给他人了解你、信任你的机会，全凭你自己谋划。下面列举的几个建议将帮助你提升个人信赖感（我只是简单列出了一份清单，因为其中的部分内容将在下一节"可信度"中进行详细介绍）：

- **行为表现前后一致**。这并不意味着你永远要表现得一如既往的"好"。让我们换个角度看待这个建议：与完美主义者打交道很辛苦，因为我们很难让他们感到满意，但是抬头仰望他们的高标准、高要求，至少让我们知道自己努力的方向。

- **言而有信**。遵守诺言并付诸实际行动。

- **诚实**。言行一致并敢于说出内心的真实想法。同时，你也要尊重他人表达自己观点的权利。

- **"我们"而不是"我"**。例如，不要把团队的胜利归功于你自己。

- **平等待人**。无论你身居何位，也无论你扮演着怎样的角色，你都要以尊重和真诚对待身边的人。

可信度

可信度是树立良好声誉的基础。然而，你在某一领域的声誉并不一定会延伸到其他领域，因此人们对声誉的理解往往非常主观。与建立信赖感一样，树立声誉也需要时间的积累和人际交往技巧作为支撑。

除此之外，你的声誉还取决于你身边的人所看重的要素，如年龄、经验、资历、过往成就等。然而，我一直相信人们会越来越少地以资历高低判断一个人是否值得尊敬。随着拥有大学文凭的人的数量急剧上升，以前用来区别平庸之辈与栋梁之材的学历文凭，现已愈发稀疏平常，不值一提。因此，面对数量庞大的求职者，面试官会问："除了拥有相应的文凭之外，你还有什么特长？你如何证明自己能胜任这份工作？"或者问："你比其他人更胜一筹的地方是什么？"如果你刚刚大学毕业，那么我要告诉你："师傅领进门，修行在个人。"大学文凭只能为你叩开通往成功人生的大门，而无法保证你未来的道路顺畅无阻。除非你的文凭含金量极高，远远超过其他人且与今后所从事的职业联系极为紧密，否则它的作用也就仅限于此了。

如果你希望树立良好的声誉，那么就去了解你身边的人看重什么吧！特别是关于人际交往方面的细节，而这也将涉及文化差异所带来的诸多问题。值得一提的是，在这里我所指的是球队或工作团队中所特有的文化。有些团队崇尚达成共识、合作互助的氛围，还有些团队则更青睐个人领导集体的团队文化；有些团队看重直白、坦诚的交流方式，还有些团队则认为委婉含蓄的表达更有利于团队内部的沟通。然而，无论选择哪种团队文化，只有最终获得成功、有所成就，并在团队合作的过程中不使他人受到负面情绪的干扰，你的声誉才会得以树立并得到大家的一致认可。

下面列举的几个要素对树立良好的声誉、提高可信度非常重要。

■ **年龄和阅历**。在一般情况下，年龄和阅历是被大家最先考虑的。当然，如果你还不到 30 岁，那么这两点对你来说就没有太大的帮助，但也并不是说这两点对你毫无影响。你应该对那些年长且经验丰富、阅历颇深的前辈表示尊敬（而不应靠阿谀奉承使他们开心，更不应对他们的能力和优势盲目崇拜），这样一来，在与这些前辈融洽相处、向他们学习取经的同时，他们也会在你成长的过程中给予无私的指导与帮助。

■ **成就**。没有什么比自身的成就更能让他人信服的了。在这一点上，我有一条绝妙的建议与大家分享：请永远记住，先集中全部注意力在可能得到的结果上，之后再谋划具体的行动过程。换句话说，你要先问问自己"我希望得到什么结果"，然后再考虑"我怎样才能得到这个结果"。那些办事总是徒劳无功的人，往往就是因为颠倒了这两者的顺序。

■ **维护人际关系**。取得成就对于树立良好的声誉至关重要，而很多成就是在与他人保持良好的人际关系的前提下取得的。实际上，如果你能妥善处理好人际关系，那么所有的任务和目标都将变得更加轻松易得。假如你深信"与他人交往堪比地狱之旅"，那么问题的症结与他人无关，而在你自己身上。

■ **想好再开口**。有些人总是"口比脑快"或"说话不过大脑"。如果你正好属于这类人，那么尽快改掉这个坏毛

病。请你务必先经过深思熟虑、反复斟酌，再表达自己的观点。事实上，每个人都能识别那些爱吹牛和花言巧语的人，而不自知的往往只有当事人自己。

■ **人际交往技巧。**我想再次强调一点，那就是资历或学位可以帮助你达到某一水平，但如果每个人都有若干拿得出手的资历或学位来证明自己，那么你又凭什么与他人有所区别呢？你需要掌握与他人交往的各种技能，如团队协作能力、协商能力、影响力、倾听与提问的能力等。这些无法从学校课堂中学到的技能，正是让你从众人中脱颖而出的法宝。

如果别人不信任你，怎么办

在本章开始，我曾向大家介绍过一个"七步流程法"——用来应付那些不好相处的人。现在，让我用这个方法解决一个常见的问题："如果别人觉得我不可靠，那么我该怎么办？"为什么选择这个问题呢？在过去 10 年中我曾开办过超过 100 期有关沟通技巧的研讨会（通常为期一天或两天）。在研讨会上我通常会安排一个即兴环节，就是让与会者以匿名的方式提一个有关沟通方面的问题。让我感到惊奇的是，有关诚信缺失和不被他人信任的问题被大家提到的次数最多。

下面，让我来假设一个名叫"苏"的人与某人之间存在上面提到的问题。我将从对方的角度分析并了解其内心的想法。

步骤 1：我所面临的问题是什么

"苏觉得我不太可靠。"

步骤 2：何以证明问题确实存在

"在会议上她总是质疑或反驳我的观点，更气人的是在讨论过程中她几乎不屑于与我有任何眼神交流。进一步分析这个问题，我发现只有当我们和他人在一起时（尤其是小组会议上），她才会如此刁难我。当然，也许是我多心了，她只是想更谨慎一些罢了。但我还是能感觉到，她认为我是一个靠不住的人，这个关乎信任和声誉的问题让我很苦恼。"

步骤 3：只有我面临这个问题吗

"她确实只针对我一个人。说实话，我的老板不喜欢掺和这些人际关系间的小事，所以我还是自己想办法解决吧。"

步骤 4：列举观察到的细节

"上周当我们开头脑风暴会议时，她对我提出的两个想法大肆抨击，甚至不容我进一步阐述自己的观点。还有一次当我在会议上向大家展示收集的数据时，她竟然旁若无人地谈论起别的内容，好像根本没看见我在发言一样。"

步骤 5：引发问题的原因是什么

"或许因为我是一个刚入职不久的新人，她才对我不理不睬。

又或许她认为我对她构成了威胁。无论怎样，我还是要仔细思考一下问题到底出在哪里。"

步骤 6：准备反馈意见

"苏的个性很强硬，我要做好充分准备来应对这场十分困难的对话。我有权阐述自己的观点，但她也同样有权为自己的观点进行辩护，甚至抨击我的观点。我可以列举具体的例子来支撑我的观点，并且我应该让她意识到她的行为已经严重影响了我的工作热情。虽然这场对话可能会不愉快，但是如果她很看重这份工作，她就一定会慎重考虑我所说的话。当然，她也有可能毫无反应，或者根本不屑于理我，但即便如此，我也必须让她知道我的感受。至于如何处理这个问题，就让她自己斟酌吧。"

步骤 7：提出反馈意见并形成解决方案

"你好，苏。也许下面我要说的话对我们而言都不轻松，但我还是要与你谈谈这个最近无比困扰我的问题。通过这段时间的观察，我发现无论出于什么原因你似乎总是无视我在小组讨论中的投入与努力。有好几个事例都可以证明，比如……"

尽管此类对话并不容易，事先制定一份内容清晰的提纲还是很有帮助的。你会发现，一旦你真正参与到对话中，你就能塑造出一个可靠、值得信赖的形象——当问题出现时，你并没有因胆小怕事而逃避，而是做好充分准备积极解决问题。

极简自律笔记：创造影响力

☺ 你的影响力在不同领域或大或小。

☺ 如果人们信任你，认为你是一个可靠的人，那么他们会更愿意受你的影响和被你领导。

☺ 建立信赖感和可信度都需要较长的时间，这也许会让你有些失望。

☺ 想要得到他人的信任，你必须做到言行一致、诚实守信、平等待人。

☺ 你的可信度取决于你的技能、知识、经验和成就。

☺ 当他人判断你是否可靠时，文化（团队、小组、地区、国家）起到了重要的作用。换句话说，你所推崇的文化或理念对塑造自身可信度非常关键。

☺ 切记不要主动让他人关注你的影响力（如直接说"你可以信赖我"这样毫无价值的话），这样做往往会适得其反。

共享成功

在一个团队中，大家赢了比赛后，如果只是以互相击掌表示庆祝就显得太落伍了。我们赛艇队的庆祝方法是，停船入港，收拾妥当之后，一起冲向酒吧疯狂畅饮！现在，当我与队员们在一起时，我鼓励他们要立刻庆祝成功，尽情宣泄内心的激动。我告诉他们，今日的成功也许会成为永远连接我们彼此的纽带，因此我们应该敞开胸怀，一同分享这份胜利的喜悦。在我的记忆中，1992年那次独自夺冠的经历，并没有给我带来多少喜悦与激动，当时的我甚至不知道如何庆祝这次成功。

——格雷格

"共享成功"就是与他人一同享受成功的喜悦。如何做到共享成功呢？你需要完成下面三件简单易行的事。

前两件事是不要吝啬赞美之词以及学会感谢他人，第三件事则是与他人一同庆祝成功。

赞美

在第3章中，我曾指出接受他人反馈的作用以及反馈意见在改进过程中的重要性。当时，我关注的重点是，反馈意见是如何帮助我们完善自己并取得进步的。然而，赞美也是反馈的一种形式，当某人或某事值得称赞时，请你千万不要吝啬赞美之词。在工作中，大多数人总误认为赞美只有上级对下级才能使用。但事实并非如此，在维护人际关系、拉近人与人之间的距离时，赞美是必不可少的黏合剂。因此你需要时刻谨记以下内容。

- **赞美他人付出的努力。**当你回想自己某次出色的表现时，你一定能清晰地记得当时的感觉和所付出的努力，如"那件事真的很难办""我真的是全身心投入其中，才最终得以完成"。由此及彼，别人也会有相同的感受。因此

当别人经过努力取得成功时，你不妨对他说"我知道你
为此付出了多少努力，你的表现真棒"或"因为曾经有
过类似的经历，我能理解你的艰辛与不易"，这样的肯定
与赞美一定会让别人无比受用。

- **赞美应尽量具体**。在赞美别人时，要让其清楚地知道你
  赞美的原因。回想当自己受到夸奖时，是否也希望知道
  所谓"干得好"这类评价背后的具体含义呢？

感谢

说一声感谢是加强人际关系、表示你对别人在乎与重视的有
效方法。无论身处何种环境中，你都应该对别人的付出与帮助表
示诚挚的谢意。也许有些人会认为这个建议没有什么稀奇之处，
就连小孩子都会对其他人说一声"谢谢"。但是，我之所以提醒
大家这一点，是因为我曾体会到在当今社会"感谢"的稀缺。举
个例子，在球场看球时，我曾多次被一个现象震惊，那就是当某
位球员射门得分后，他会奔跑、跳跃，绕场庆祝，接受同伴的拥
抱以及观众席上所有球迷的赞美。然而，此时此刻却没有人在意
另一位默默无闻的球员是怎样奋力突出重围并奉献一脚绝妙传
球，从而帮助那位"功臣"射门成功的。

在某种长期的人际关系中，或者在漫长的婚姻关系中，人们
几乎完全忘了要向对方表示感谢。也许仅仅是因为没有时间、赶
着完成工作、没有意识到等苍白的理由。就这样，人们将说一声

"谢谢你"这个善意的举动完全抛到了脑后。

我认为造成这种现象的原因有两个。

- **极度膨胀的自我意识。**"你本就应该为我做这些，这是你分内的职责"，有些人的自我意识极度膨胀，仿佛自己才是全宇宙的中心。因此，他们往往会有这样的观点。
- **理所应当。**与某些人（同事、队友、组员、朋友、伴侣等）相处的时间越长，我们就越容易把他们的付出当作是理所应当的。

和赞美一样，说一声感谢不用你花一分钱。只要这声感谢是发自内心的，你与别人的友谊就会得到巩固。被感谢的人会十分欣慰，因为你愿意花时间表达谢意。同时，你也可以体会到他们的喜悦，而这种感觉就像你接受别人的感谢时一样美妙。

享受成功

在两三个小时的工作会议中，往往除了解决问题就没有其他主题了。在球队的总结会上，也只是分析上次比赛中的不足之处，而不会过多地谈论队员们出色的表现。

试想一下，如果你更多地关注做得好的方面而非差强人意的方面，那么情况又会怎样呢？当然，你需要从失败和错误中吸取经验和教训，但也需要从成功中体会激励与鼓舞。

还有一点需要提醒大家：请暂时抛开个人主义，主动而真诚地为别人的成功鼓掌喝彩吧！身为局外人，你的赞美会显得格外有力量。除此之外，你还要记住关键的一点：无论何时，千万不要与别人抢功劳。

在第 5 章中，我曾提到过心理学家马丁·塞利格曼发明的一个让自己快乐起来的方法，那就是在入睡前回想一天中发生的事情，并将三件令自己感到快乐的事记在心中。现在，你也可以将取得的成功变成简单的快乐并带着它们进入甜蜜的梦乡。

极简自律笔记：共享成功

☺ 对别人说一句赞美或感谢的话不用你花一分钱，你只需用一点
点时间就可以轻松做到。

☺ 赞美和感谢可以营造出积极向上的氛围，因为人们都愿意被别
人欣赏。

☺ 请保持真诚。

☺ 请将赞美具体化。

☺ 记住自己的优秀之处，而不仅仅是那些毛病与缺点。

第**7**章

自律让机遇无处不在

所谓机遇，就是人世间无处不在、无时不有的一切可能。我曾去过几所学校，在和学生们聊天的过程中，我惊讶地发现他们竟然从来没有意识到创造力可以影响并引导他们实现一切梦想。

——约翰·赫加蒂爵士（John Hegarty）

广告大师

在你的周围，机遇无处不在，而每日为生计忙碌奔波的你却常常忽视它们的存在。让我来打个看似普通却非常贴切的比方：试想一下，你在阳光明媚的一天搭乘飞机，当向舷窗外望去的时候是否会被天空中的美景所震惊，是否会忍不住发出"哇"的一声。向上望，天空湛蓝如洗，偶尔有几朵或大或小的白云飘过；向下看，地面上的一切都微缩成模型，好似立体地图一般生动。所有的一切，是否会让你放飞自己的想象力，让思绪飘向各处：地面上是怎样一番车水马龙的繁忙景象呢？那里的人们都在做什么呢？他们自的生活又是怎样的呢？然而，这些天马行空的想象都会在飞机落地的一瞬间烟消云散。当你不得不办理烦琐的入境手续时，不得不排长队提取行李时，不得不急匆匆地赶往酒店或飞奔回家时，也就再没有心思"浮想联翩"了。就这样，在这个充满机遇的世界中，你被现实生活的繁复琐碎所牵绊，不愿也不能再去"妄想"每日生活轨迹之外的无限可能。

然而，当你停下脚步，细细回忆曾经走过的路时，就会发现：当下所做的一切，都源于过去你对机遇的认知与把握。无论是应聘了一份新工作，还是发现了其他兴趣爱好，还是由于一时冲动去尝试新事物，又或是在大学期间加入了某个社团、参加了某项活动……每一次发现机遇、把握机遇都会使你之后的人生有所不同。

自律同样源于你对机遇的利用——面对机遇，你不是纸上谈兵或一味地分析、预测机遇所能带来的好处，而是积极做出反应、采取行动，牢牢将机遇握在手中。换言之，做到自律，你能够随时随地发现机遇并牢牢将其抓住，而不会等到山穷水尽时才不得已而为之。举个例子，通常情况下，人们只有感觉到明显的不适时才会去看医生。而那些没有养成幸运习惯的人，更是只有在必须做出反应的情况下，才会有所行动（即使面临紧迫的状况，他们也很可能无动于衷）。与之相反，那些做到自律的人则不会这样，他们往往会提前做好准备、主动出击，随时迎接机遇的到来。

发现机遇

本书用了很大的篇幅讨论人们如何才能在现有的基础上表现得更好。而你之所以读这本书，也许是为了开始全新的生活或工作，并且能表现出色和有所收获。那么在本章中，让我们一同研究如何发现宝贵的机遇并让它助你一臂之力吧。我把发现机遇和把握机遇这一过程分为了三个部分。

- **调整状态**。随时保持严阵以待的状态，从而能够让你在第一时间敏锐地发现并抓住机遇。或者说，在准备迎接机遇时，你需要做好充分的心理准备。

- **勇于创造。**尽情发挥自己的想象力，与其等待机遇不如创造机遇。

- **巧加利用。**当发现机遇后，你要牢牢抓住它并对它巧加利用。

调整状态

当你将自己调整到最佳状态时，机遇就会不请自来，而你也能够更敏锐地发现它。经验越丰富，经历越多彩，你就越有可能发现机遇。换言之，你只有不断提高和完善自己，并在遇到机遇时跨出勇敢的第一步，才有可能得到更多机遇的垂青。正如俗话所说"早起的鸟儿有虫吃"或"天道酬勤"。

在第一次尝到把握机遇的甜头或因此拥有新的体验之后，你发现自己好像喜欢上了新事物带来的刺激，并希望在日后的生活中有更多新的体验。

有时候，这些新的刺激会以人们意想不到的方式偶然造访。例如，你发现比起每晚参加大同小异的聚会，计划去一个未曾到过的地方夜游也许能发现更多惊喜。对大多数人而言，全新的刺激和崭新的体验可以让自己感受不同于平日的乐趣与活力。

如果你希望自己拥有发现机遇的慧眼并牢牢把握机遇的能力，那么就请调整好自己的状态——敏锐感知周围的一切变化。下面三个小方法可以帮助你做好准备，随时迎接机遇的降临。

无处不在的机遇

总有人语重心长地对我们说："机遇无处不在。"但为何我们总是看不到机遇的身影呢？也许原因在于我们还没有放松绷紧的神经，带着轻松的心情去寻找它。

美国作家罗杰·冯·欧克（Roger von Oech）曾研究过发现机遇的方法。善于发现机遇的人往往不会将目光停留在常规层面，他们会观察身边许多容易被人遗忘的细节。在第 1 章的调查问卷中，我曾通过几个隐喻性问题说明这一点，其中一个题是："在走路时，你习惯抬头看而不是平视前方。"之所以这样问是因为我发现"抬头看"这个简单的动作能给生活带来很大的惊喜。我的一位邻居曾告诉我，她竟然发现我们附近的一排老房子中有一栋是建于 1856 年。她之所以至今才发现这个"老古董"，是因为她从来没有抬头看过建筑物的外墙上贴的名牌（其实那条街并不长，房子也仅有六栋而已）。这个例子告诉我们，请拓宽你的视野，留心观察身边的细节吧！

人们每天都会上网搜索资料，这件再普通不过的事也可以用来解读机遇。当你在搜索引擎查询栏中随意输入一个单词时，你会发现网页立刻显示出成千上万条搜索结果。前几页显示的也许是非常有用的链接，但更加有趣的答案可能藏在第 8、9、10 页，甚至更靠后的页面中。在第 1 章的调查问卷中，我曾问过大家类似的问题："你是否只关注搜索结果的前几页，还是会往后多翻几页。"如果是后者，那么你会发现后面页面中所提供的链接，也许是从另一个角度解释你搜索的词并给你带来与众不同的思路。换句话说，如果你愿意耐心仔细探索，网络将带给你完全不一样的体验。在发现机遇的过程中，好奇心的作用更不容小觑。好奇心可以让你比他人看得更远、更深入，从而牢牢把握宝贵的机遇。美国作家、幽默家、批评家多萝西·帕克（Dorothy Parker）曾说过："治愈无聊的最好良药是好奇心，而好奇心却是无药可解的。"

　　除此之外，就像研究宇宙大爆炸论的科学家们诠释浩瀚的宇宙一样，你也可以用同样的方式诠释机遇。有科学家认为，宇宙起源于一个"奇点"，从这个"奇点"开始变化至今已经过去了137亿年，然而宇宙大爆炸的过程仍在继续。之所以把机遇与这个开天辟地的过程相比较是因为：一旦你发现并把握住一个机遇，那么这个机遇带给你的惊喜将是无穷无尽的。这就像你自己的"宇宙大爆炸"一样——因为机遇，你生活中所有的事物都将处于永恒的变化中。

突破障碍

　　曾几何时，我拼尽全力、克服重重难关，最终如愿成了一名正式的民航飞行员，这足以证明我对飞行的热爱已深入骨髓。我几乎无法想象有什么能让自己放弃飞行，这一定是不可能的事。但在沉迷于飞行的同时，我也充满着好奇心并关注身边发生的一切新鲜事。我认为在少年时期决定成为飞行员并为之努力的经历，让我对把握机遇更加敏感。三年前我在自己的结婚典礼上为宾客们准备的特制喜糖就是很好的例证。婚礼结束之后不久，我就不断地接到电话，来电者都希望我为他们的婚礼提供那些既美味又精致的糖果。就这样，我与老同学莎拉（Sarah）发现了这个商机并一拍即合，我们决定合作成立自己的公司，为特殊场合提供特制的糖果和甜点。时至今日，我们的生意一直不错，我们甚至已经开始筹划在都柏林开第一家零售店铺了。有了这次经历，我可以自信地告诉每一个人："我的确是一名飞行员，但这并不代表我只能当一名飞行员。让我愿意努力尝试的新挑战还有很多很多，我也为此感到无比兴奋。"

——伯妮丝

机遇无法被操控，但仔细观察就会发现，机遇更愿意垂青那些善于发现并发挥自己潜能的人。就像我在前文曾提到过的海琳，她在 67 岁时才开始学习唱歌，如今已经能够随伦敦爱乐合唱团巡回演出了。类似的事例还有很多，例如，一位退伍军官成了知名大学的著名教授；一位慈善机构的职员成功征服了七大洲的七座最高山峰，等等。他们的故事激励人心，而你也有着自己的传奇经历。总而言之，那些被机遇垂青的人，往往能在面对全新的挑战时勇敢地迈出关键的第一步。

在发现机遇、把握机遇的过程中，以下四个障碍需要你逐一击破：

极简自律法：
越自律越幸运

1. 错误的自我认知；

2. 认为机遇只会青睐某一类人；

3. 抱有"我一定可以证明自己是对的"的固执态度；

4. 差强人意的推理能力。

在做到自律的过程中，一切都始于正确的自我认知。然而在现实生活中，许多人都缺乏对自我的正确认知，反而被错误的自我认知所束缚。因此，他们不是无法发现适合自己的机遇，就是做出了错误的选择。

生活中处处都可能有陷阱，例如，你现在所从事的工作是否限制了你的能力与发展空间？如果是这样，那么伯妮丝说的那句话最适合你了——她确实是一名飞行员，但这并不妨碍她成为一名成功的商人。有时候，我们常听那些失业的人抱怨自己是一个"被解雇的＿＿＿＿＿＿"（请自行填空：货车司机、保险推销员等），就好像他们一辈子只能扮演这个"失败者"的角色。

你也许会对世间的各种观点与声音持有偏见——"信我所信，弃我所疑"，也就是只认可那些符合自己想法或理念的信息，而抛弃与之相违背的内容。这样一来，由于固执己见、狭隘短视，你将永远生活在自己所认识的那个世界里，如同井底之蛙一般心满意足地望着井口上方的四角天空。

阻碍你发现机遇的另一个因素是，固执与偏执的态度会让你的知识与技能在不知不觉中落后于时代。如果你就职于某私企，那么公司的成功很可能会让你自我感觉良好，认为自己能力非凡。然而，你却没有发现这个行业的后起之秀，早已开始掌控你们公司所在领域的发展方向。

几年前，我看过一部叫作《坎大哈》（*Kandahar*）的艺术电影，该电影讲述了一位年轻女性冒着战火和重重危险，最终回到家乡坎大哈与妹妹团圆的故事。虽然这部电影充斥着灰暗和压抑的画面、硝烟弥漫的场景以及让人感到窒息的绝望氛围，但是影片中一个乐观积极的男孩所说的话却让人充满希望："虽然围墙高筑，但是天空也会因此变得更高一些"。

这个男孩意识到，身处当地（"围墙之内"），几乎就是与机会绝缘，因此他便将目光转向了充满无限机遇的地方（"辽阔的天空"）。这也是为什么 19 世纪末和 20 世纪初在美国创造"传奇"的人，大部分并非那些土生土长的本地人。再进一步思考，也许你会产生一个疑问，那就是在这个充满机遇、拥有无限可能性的时代，为何还有那么多人心甘情愿地把自己禁锢在"围墙之内"呢？

创造新生活

当今许多发达国家已经形成了完善的医疗体系、免费的教育制度、国家养老金制度、社会保障制度，公民们能够轻易得到银行贷款，买车、购房似乎都不再是难事。除了极特殊的情况，人们从出生到离世，都享受着各种各样的社会福利。

然而，我们对于生活最美好的设想却也在接受着挑战与威

胁。例如，养老金等社会福利项目也许会逐渐减少甚至消失。这对有些人来说实在是难以接受，但对上一代人而言，我们所享受的一切"优待"（特指优越的生活条件和完善的社会福利保障制度），却是他们从来都不敢奢求的梦想。在上一代人眼中，只有自力更生、艰苦奋斗，他们的生活才能维系。他们不仅要在社会的各个方面充当开拓者的角色，还要努力克服心中强烈的不确定性与不安全感。那时，充满想象力、时刻充满干劲与激情、心灵手巧等都是他们必须具备的特质。总而言之，他们无法依靠他人，美好的生活只能靠自己创造。

试想，把现代生活必备的"柔软三层卫生纸"换成粗糙无比的砂纸供你使用，你会接受吗？虽然这种情况不会发生，但是先辈们奋斗拼搏的精神却值得我们学习与传承。我们应该向他们一样，调整好状态，随时准备发现并利用机遇，创造自己想要的一切。

极简自律笔记：如何调整状态

☺ 当处于逆境时，你更要敏锐地发现机遇，甚至发挥想象力创造机遇。

☺ 机会无处不在，关键在于你是否用心去发现它。

☺ 你只能"看到"自己选择"看到"的未来。

☺ 不要在你与未来的机遇中设置任何障碍。如果你在学识或技能方面有所缺陷，那么就有可能在未来与机遇擦身而过。

☺ 随时更新自己的知识与技能。

☺ 问问自己："谁能够以创新的方式做事，并且能轻易与我或我

们区别开来？又是谁在不断挑战、改变自己的现状，他们是如

何做到的？"

创造机遇

机遇的出现其实是创造力的体现，本节将描述三种创造机遇
的方法。这些方法将遵循一些关键步骤（它们之间也存在着一些
共性）。

实践

这与本书第 3 章中的观点一致——我们需要进行带有目的性
的实践。你得到的东西越好，就会有越多的机会让你得到更好的
东西。假设你正在努力提高改进，那么你将从改进的部分中发现
更多可以提高的机会。想想比尔·盖茨、史蒂夫·乔布斯等人，
在 20 世纪 70 年代，他们专研计算机技术，并完全沉浸在自己
的世界里（无论是在车库还是在卧室，甚至是在厨房），通过不
断尝试从而创造出让他们得以超越这个时代的伟大技术。虽然这
些是个别的例子，但也正说明：坚持不懈并带有明确目的性的实
践，给予了他们更多机遇，以及把握机遇的可能。

总而言之，什么都不做的人当然什么都不会发生。

极简自律法：
越自律越幸运

协作

伟大思想的产生通常是互相协作的结果，并且需要时间来培育真正有价值的东西。于是，机遇从一个随机的想法变成一个具体的解决方案，并且能够用于个人或团队的实践。所以，尽管本书的主张是以"你"为中心，但如何使用别人的灵光乍现的好想法（当然不是抄袭）来帮助自己创造机遇，正是共同协作的艺术以及创造机遇的技巧所在。如果你所在的团队正致力于创造新的机遇，那么以下几点非常重要。

- **留出思考的空间与时间。** 请给他人思考的时间，不要期望立马得到答案。正如我之前所阐释的："面对问题时，你不仅要给自己思考的时间，同时也应该容许他人思考。"

- **局外人的观点。** 在合作伙伴中，有的人可以置身事外，从其他角度给你提供不同的观点。

- **共同的目标。** 和那些与你抱有共同奋斗目标的人合作。拥有共同目标的人往往更愿意为你提供帮助。

- **永不轻言满意。** 不要只关注事物的表面价值。你要经常问问自己："能再进一步完善吗？能更具体一些吗？"要这样不停地追问，直到你用尽所有能想到的方法。让自己开动脑筋，不断想出新点子，这可以帮助你提高大脑思维的活跃度。

- **保持开放的心态。** 乐于接受不同观点并理智地对待它们。

如果你对他人的观点持有偏见，那么他人可能从此不愿再多说自己的想法，不愿为你建言献策。

■ **认可他人的贡献**。不要抄袭和剽窃，也不要一人独享成功。没有人愿意与不诚信的人合作。

志存高远

有句谚语是这样说的："如果你的目标是遥远的星星，那么你可能只能到达月球；如果你的目标只是月球，那么你可能连大气层都到不了。"

下面是关于米歇尔的故事：

"早在 20 世纪 90 年代，电脑已经开始在办公室内普及，而会使用电脑也逐渐成了办公室工作的必备技能之一。我们一直致力于为那些无力承担费用的人们提供电脑培训服务，如帮助一些希望重回工作岗位的女性学习如何使用电脑。但我们买不起用于培训的新电脑，这项开支实在是一个天文数字。但当听闻一些企业时常把淘汰的旧电脑丢弃到伦敦郊外时，我们觉得机会来了。于是，我们尝试拜访了几家公司，询问他们是否愿意将淘汰的旧电脑赠予我们。当库伯（Coopers）和莱布兰德（Lybrand）问'你需要多少台电脑'时，我回问道：'你们有多少台呢'（因为我猜想他们也许有十几台可以给我们），结果他们的回答竟然是一千台！就这样，我们的公司成长为一家大型企业的机遇终于降临了。"

米歇尔说，这是她做过的最具创业精神的事。以理性为核心的现实主义固然重要，但如果目光太狭窄，就有可能错过一个真正的好机遇（在米歇尔的故事中，就是那超出预计的九百多台计算机）。以感性为导向，也许会有些不切实际，但你却有机会获得比付出更多的回报。然而，为自己设定较低的目标则另当别论。

请注意，以"星星"为目标和以不切实际的幻想为目标是有区别的。比尔·盖茨、史蒂夫·乔布斯在创业初期并没有期望创立世界上最大的公司。因此，你也不应奢望在80岁时还能在奥运会上一举获得百米赛跑的金牌。总而言之，设定较高的目标并不代表痴心妄想。

极简自律笔记：如何创造机遇

☺ 一直保持开放的头脑与心态，全身心地投入做某事，你会有更加独到的见地和无限的可能。

☺ 与他人合作——合作常常能够推动并完善你尚不完整的想法。

☺ 将目标定得更高——一个略高的目标将比寻常目标更能让你发现自己未被发现的潜力，以及所能达到的新高度。

发现机遇

现在你已经将自己调整为随时准备迎接机遇的状态，并且能够发现那些阻挠你抓住机遇的各种障碍，同时还学会了如何通过自己的想象力创造机遇。那么，现在是时候认真考虑如何利用机遇了。对于面前的各种机遇，你该如何选择？哪种机遇更能让你心动不已？哪种机遇又是最适合你的？伯妮丝的故事或许能带给你启示。

"在很早的时候，我就走到了一个需要以谨慎的态度做出决定的人生岔路口。那时，我已经当了很多年爱尔兰舞蹈演员（现在我仍是一名兼职舞蹈讲师），并在 20 出头的年纪有幸成为王者之舞剧团（Lord of the Dance）的一员，这对我而言是一个千载难逢的好机会。但是，当时我却醉心于飞行员的培训课程，并在培训上投入了大量的金钱和精力。按朋友的话来说，我在不懈地追寻着心中的梦想。经过谨慎的考虑，我发现如果成为飞行员，可以享有长期的社会保险，而王者之舞剧团却只能提供短期的社会保险。经过对比，我更加坚定了自己的信念。但是我仍要明确一点，那就是撇开职业发展不提，我无比热爱飞行。在追随内心梦想的同时，也要理智地权衡现实中的利弊得失，这两者缺一不可。换句话说，如果我不热爱飞行，那么最后的决定也许会截然不同。当然，我永远不会对做出这个决定感到后悔。"

伯妮丝的故事为我们总结出在决策阶段两个重要的参考因素。

1. 头脑分析。即指清晰、理智的思考，以及对风险的全面评估。
2. 内心追随。即指感性的冲动与渴望，从而引领你追寻梦想、把握机遇。

极简自律法：
越自律越幸运

头脑分析

在伯妮丝的故事中，伯妮丝的理智告诉她"成为飞行员后，可以享有长期的社会保险"。在做出任何决定之前，如果只是意气用事而不经过慎重的考虑，那么结果可能会很糟。清晰的思考可以帮助你关注以下具有重要意义的问题：过去的经验能告诉我些什么、有谁可以帮助我、我从哪里挤出时间来做这件事、做这件事我能得到什么切实的好处、经济方面有什么要求吗。你要让自己的头脑冷静下来，对这些问题进行一番深入的思索，这可以帮助你清除前进道路上可以预见的障碍。清除的障碍越多，你的成功之路就越顺畅（并非一帆风顺）。

美国著名投资人沃伦·巴菲特（Warren Buffett）曾说过："风险只存在于一种情况，那就是当你不知道自己在做什么的时候。"有时候，你必须承认自己不能也永远不会"无所不知、无所不能"。实际上，如果你想得到最完整、准确的信息，从而做出最完美的决定，那么你会发现，帮助你分析利弊的信息永远都不够用……并且也确实没有什么实际用处。风险是无法彻底回避的，研究全球金融危机的分析家们也会站出来摇旗呐喊，支持这个观点："任何事物的薄弱之处，迟早有一天会暴露出来。"因此，当你面对风险时，唯一能做的就是尽自己所能减轻它带来的危害，同时为预期中最坏的情况另做打算。在处理危机时，事先的准备与周详的考虑总会对你有帮助。

内心追随

在做决定时，你内心的感受起到了怎样的作用？虽然在某些情况下，外部因素（如来自他人的鼓励）可以成为激励你的动力，但是内心的感受却无法强求，只能产生于你自身对事物的"认同感"。如果说理性因素让你决定选择怎样的道路，那么感性因素则会为你助力，让你迈出最重要的第一步，同时你的直觉还会帮助你判断你选择的道路是"对"还是"错"，是否真正适合你。尽管直觉有时"料事如神"，有时"谬之千里"，但它仍不失为你做重要决定时的"军师"，为你献计、帮你定夺。

心脑合一

想要做出正确的决定，你需要将"理性的分析"（头脑）与"感性的驱使"（内心）这两套分析体系充分结合起来，而这也正是我向大家推荐的"心脑合一"方法。在做出重要决定之前，你需从不同方面进行考虑，既有切合实际的理性分析，又有遵从内心的感性驱使。也许在理性与感性的天平中，你更加偏向于某一方，这样无碍，但是请不要完全忽视另一方的价值。总而言之，只有通盘考虑方能得出最佳答案。

适应新环境

突然成为最知名爵士乐队中一员的事实，使较晚才开始学习吉他的默倍感压力。他意识到，从此要与演奏技术远高于自己的音乐家们同台表演了：

极简自律法：
越自律越幸运

"我发现自己完全不懂他们的语言，但如果想在乐队中立足，那么我必须尽快掌握这门语言，并尽早能与他们无障碍地沟通。因此，我强迫自己学习新语言，适应新团队。我明白，面对新的机遇，我必须调整自己以适应环境，并与他人融洽相处。"

如果你身边的人比你强，那么你不是被他们的优秀吓住，就是为有了学习榜样而庆幸。在第 3 章中，默曾谈到了自己是如何进行"效仿式学习"的，而在本章中，他将学习的理念延伸到了全新的环境中，并将学习的重点换为跟上身边强者的步伐。与此同时，想要在新环境中立足，你需要在保持自我与调整适应中找到平衡点。

米歇尔也曾面临适应新环境的问题：

"我曾向房东提出租借地下室的请求并以分红的形式予以回报（后来这位房东成了我的丈夫）。现在，我们正将从企业收来的所有电脑逐步转交给那些低收入家庭的成员，但是就目前阶段来看，我们所能提供的电脑数量实在是杯水车薪。后来卢顿的一家公司为我们提供了很大的空间，让我们有机会实现最终的梦想。目前，我们正在分析市场需求，但发现自己原有的思路完全错了。在新形势下，我们需要将重点从筹集资金转为增加销售。"

米歇尔事业的重心从"筹集资金"转变为"增加销售"，只是这样简单的转变就使她的生意扶摇直上——为一家规模不大的

慈善机构带来了可观的商业前景（当然，慈善机构的本质和慈善
事业的核心价值并没有发生任何改变）。这实在是一个具有历史
意义的重大变化。

下面是我总结的两个重要观点：

1. 你不一定非要为了他人而学习新语言（就像默的经历），任
何自我完善都可以源于自身希望适应新环境的渴望与要求；

2. "适应"是指你为了获得进步而适应他人的步调，或者是
指你为了改变思路，将原有的想法进行调整与完善。

接踵而至的机遇

你是否有过这样的体验：在人生的某个阶段，一个机遇引来
了另一个机遇，从而使大大小小的机遇接二连三地出现在你面
前？尽管有些应接不暇，你仍然认为那是一段极其美妙的时光。

对自律而言，由一个机遇创造另一个机遇至关重要。然而，
针对这种情况，宿命论者往往称之为"易遇奇缘的好运"或"幸福
的意外"。有些人会在潜意识中将这种"好运"看作"天时地利"
或"命运的安排"。但是，他们没有注意到，这样的说法完全忽视
了这个人在通往成功的道路上所付出的努力和留下的每一个足迹。

默之所以能与爵士勇士乐队同台演出，是因为他长期苦练琴
技，他不仅演奏技术高超，同时兼备丰富的音乐素养。而在其他
音乐人眼中，默更对爵士乐与吉他演奏也有着独到的见解。机遇
虽然为他开启了通往成功的大门，但是默靠着自身不懈的努力才

最终攀上成功的巅峰。

当你买了一辆新车，行驶在路上时，你是否会突然发现周围有很多车和你的一样？把握机遇也是如此。当你有意识地做出努力，为将来的人生选择了一条为之拼搏的道路之后，你会惊喜地发现，所有的机遇都在路边静候你的到来，甚至主动找寻你。针对这个观点，默是这样说的：

"通过一位好友——低音吉他手韦恩·巴彻勒（Wayne Batchelor）——的介绍，我有机会与比自己优秀的音乐家们切磋技艺，甚至能与 20 世纪 80 年代最具深远影响力的爵士乐队一同演出。爵士勇士乐队是由考特尼·潘（Courtney Pine）组建的，许多杰出的英国乐手都出自于这个乐队，如蒙德希尔兄弟（Mondesir brothers）、史蒂夫·威廉森（Steve Williamson）等。能与这些音乐大师同台演出实在是我的荣幸。尽管他们也许有意降低了门槛，我终究还是成了他们中的一员。虽然在演奏技巧上我不如他们那般行云流水，但他们依然喜欢我充满感情如倾诉心声般娓娓道来的演奏方式，这样的演奏风格也让我能够独树一帜，容易被大家知晓和辨认。技巧与个性化相平衡的重要作用在生活中的其他方面也不容小觑。"

小指尖上的大文章

如果身处商业环境中，那么你将无比感激那些能够带来重要商业价值的有创意的点子。然而，比这更激动人心的是由一个好创意引发的接连不断的好创意，下面这个例子就说明了这个道理。

在寒冷的冬天，当你戴着手套时，是否觉得用手机接电话、发邮件、上网都不太方便，使用平板电脑也是如此。在发现这个普遍存在的问题后，一位名叫菲尔·芒迪（Phil Mundy）的英国利兹商人果断抓住了商机，研发出一种小巧的粘贴式触摸条——iPrints。只要把这个小东西粘在手套的指尖处，你就无须再为戴着手套不方便操作手机、平板电脑感到烦恼了。一开始，菲尔只将该产品投放到了冬季的运动品市场，然而出乎他的意料的是产品供不应求，需求遍布各个领域（建筑工人、在冷冻食品店工作的职员都很需要这个绝妙的小发明），第一批投入市场的 8000 件产品在两个月内即被抢购一空。就这样，一个小问题激发了一个好创意，进而演变为带来无限商机的绝佳机遇。

后来，菲尔·芒迪发现了人们指尖上的商机，并意识到可以通过售卖指尖广告再赚一笔钱。

通过这个例子，我想告诉大家的是，一旦你发现了机遇，并且积极寻找能够把握住这个机遇的好点子时，其他的机遇也将随之而来。

在今后的人生中，你也将有这样的体会——仿佛全世界都为你的梦想让道，无论是新的机遇还是新的体验都会对你敞开怀抱。回想过去，当探索自己的某个爱好所能带来的无限可能时，你是否发现无数的机遇也随之而来。举一个贴近生活的例子，一个赛跑运动员经过艰苦训练和不懈努力使自己变得更加优秀，他

极简自律法：
越自律越幸运

意识到自己取得了怎样的进步，于是，他主动要求记录训练成绩，加入职业俱乐部，欣然参加哪怕是地方级别的比赛，结识更多志同道合的朋友并建立新的社交圈……这份清单可以一直列下去，永无终结。所有的一切就好像香槟酒的瓶塞"啪"得一声被打开，源源不断的"机遇与惊喜"瞬间喷涌而出。

极简自律笔记：把握机遇

☺ 内心的感受可以为你提供感性的激励与驱动，让你跟随机遇一路向前；而理性的头脑则会让你冷静思考，从而压制自己的冲动。在做出任何重大决定之前，你都需要通过"理性与感性"的双重判断。

☺ 分析风险情况。遇到风险没有什么大不了的，只要你事先做好准备，采取合适的方法积极应对即可。

☺ 置身于新环境中，你要尽快调整适应。无论你多么留恋曾经的状态，都不要让自己有固执刻板、顽固不化的倔脾气。

☺ 机遇无处不在。当你把握住一个机遇时，它将会引来更多的新机遇。

☺ 追寻机遇的动力无可替代。请记住，只有主动出击，发现并抓住机遇才是最正确的选择。那些消极等待机遇垂怜的被动者一定不会如愿以偿。

好运不会从天而降

本书只是将一道选择题放在了你面前：是成为一个积极主动的行动者，还是一个消极被动的旁观者，决定权在你自己手中。

- **行动者**。行动者都明白一个道理，那就是如果你希望有好事发生，那么就需要你积极争取并付诸行动。
- **旁观者**。旁观者只会被动地等待某一天"幸运列车"能向自己缓缓驶来，而这个愿望似乎从未实现。他们不是抱怨"幸运列车"突然改变了行驶路线与自己擦肩而过，就是悲叹自己晚了几步，没有追上那早到了几分钟的"幸运列车"。

"幸运列车"之所以改变了行驶路线，是因为有人主动铺设了轨道。同时，这也与时间的早晚无关，因为时间总会优先选择最需要它的人。请仔细思考一下，你对时间的利用是否完全基于事情的轻重缓急呢？那些自律的人，都会先把时间用在为自己创

极简自律法：
越自律越幸运

造幸运的头等大事上。

宿命论者只会做两件事情。

1. 把过去糟糕的经历当作人生常态——"我永远都是不走运的倒霉蛋，而他人却总是好运不断、一帆风顺。这样看来，我做任何努力都无济于事。"

2. 等待幸运降临——就像幻想中彩票一样，纯属浪费时间和生命的行为。

自律的人都是实干家，他们无时无刻不在努力，目的是为自己争取获得成功的最好机遇。

希望本书所介绍的成功人士的思维和行动方式能够对你有所帮助。这些内容涵盖了人生的诸多方面：从学习的方式到与人相处的方式；从如何采取行动到如何为生活设定目标；从如何发现机遇到如何帮助自己不断发展和进步。

当然，最终的决定权永远在你自己手中。无论是成为一个积极主动的行动者，还是一个消极被动的旁观者；无论是在生命的最后时刻能够自豪地说"我不枉此生"，还是任由自己与幸运擦肩而过，一生碌碌无为。

如何决定，全在于你！